建筑施工项目管理丛书

怎样当好材料员

潘全祥 主编

中国建筑工业出版社

图书在版编目（CIP）数据

怎样当好材料员/潘全祥主编. —北京：中国建筑工业出版社，2002
（建筑施工项目管理丛书）
ISBN 978-7-112-05167-0

Ⅰ. 怎… Ⅱ. 潘… Ⅲ. 建筑材料-施工管理-问答 Ⅳ. TU5-44

中国版本图书馆 CIP 数据核字（2002）第 048316 号

建筑施工项目管理丛书
怎样当好材料员
潘全祥　主编

*

中国建筑工业出版社出版、发行（北京西郊百万庄）
各地新华书店、建筑书店经销
北京千辰公司制作
北京云浩印刷有限责任公司印刷

*

开本：850×1168 毫米　1/32　印张：6¼　字数：167 千字
2002 年 10 月第一版　2008 年 3 月第十次印刷
印数：23701—25200 册　定价：**10.00** 元
ISBN 978-7-112-05167-0
（10781）

版权所有　翻印必究
如有印装质量问题，可寄本社退换
（邮政编码 100037）

本书为建筑施工项目管理丛书之一。全书主要以问答的形式回答材料员必须掌握的基础知识和专业知识。共五章320个问题,主要内容有:材料员须知;材料的定额预算管理;材料管理;建筑材料;新材料。对常用材料有针对性地提出问题,并进行回答。

本书可供材料员及施工人员使用。

* * *

责任编辑 郭栋

出版说明

随着建筑市场的逐步规范,项目经理、工长、施工五大员等施工管理人员都必须参加培训,持证上岗。持证以后,本职管理工作都包括哪些,如何做好这些工作是关键。为此,我社组织有关专家、学者编写了"建筑施工项目管理丛书",该丛书分别介绍建筑施工项目管理人员应该掌握的基本知识、管理技能和经验,帮助他们更快更好地做好管理工作,也可作为其上岗培训考试的参考用书。丛书分为11册(见封四),涵盖建筑施工项目管理的各个专业,内容比较全面,并有一定深度,主要供建筑施工项目施工技术人员、各类管理人员阅读。

本套丛书以新颁国家标准、规程为依据,根据专业管理人员工作中遇到的疑点、难点、要点,逐一提出问题,用简洁的语言辅以必要的图表,有针对性地给予解答。编写方法上力求系统全面,通俗易懂,图文并茂,目的是给广大施工管理人员和技术人员提供一套具有实用价值的参考书。

希望这套丛书的问世能帮助读者解决工作中的疑难问题,掌握专业知识,提高实际工作能力。真诚地欢迎各位读者对书中不足之处提出批评指正,协助我们把这套丛书出得更专业、更全面、更实用。

中国建筑工业出版社

2002 年 5 月

前　言

本书为建筑施工项目管理丛书之一。全书主要以问答的形式回答材料员必须掌握的基础知识和专业知识。共分五章320个问题，主要内容有：材料员须知；材料的定额预算管理；材料管理；建筑材料；新材料。对常用材料有针对性地提出问题，并进行回答。

本书主要回答了材料员的职责范围及材料最基本的物理热工性能；在施工各阶段材料用量的计算；材料的分类、品种、规格、指标等最基本的实用知识；材料的定额预算、计划、采购、运输、保管、发放、核算等管理知识。

由于编者水平有限，不妥之处敬请各位同仁给予批评指正。

主　　编　潘全祥
编写人员

潘全祥　郭朝峰　潘度谦　方骏梁　彭荣定
侯燕军　单启军　王丹峰　何顺如　张小芸
刘志宏　闫振元　冯振明　王　斌

目 录

一、材料员须知 ·· 1

1. 材料员的岗位职责是什么？ ·························· 1
2. 建筑材料的基本性质有哪些？ ······················ 1
3. 材料的密度是什么？ ····································· 2
4. 材料的表观密度是什么？ ······························ 2
5. 材料的堆积密度是什么？ ······························ 2
6. 材料的孔隙率是什么？ ································· 3
7. 材料的密实度是什么？ ································· 3
8. 材料的空隙率是什么？ ································· 3
9. 材料的填充度是什么？ ································· 3
10. 材料的强度、极限强度是什么？ ···················· 4
11. 材料的强度有几种？ ···································· 4
12. 材料的弹性、塑性变形是什么？ ···················· 5
13. 材料的吸水率是什么？ ································· 5
14. 材料的吸湿性是什么？ ································· 6
15. 材料的耐水性是什么？ ································· 6
16. 材料的抗渗性是什么？ ································· 6
17. 材料的抗冻性是什么？ ································· 6
18. 材料的耐久性是什么？ ································· 7
19. 常用法定计量单位有哪些？ ·························· 7
20. 法定与非法定计量单位之间如何换算？ ········· 8
21. 建筑材料的检验依据是什么？ ······················ 8
22. 我国的技术标准分哪四级？标准代号是什么？ ··· 8
23. 标准"GB12958—91"代表什么？ ··················· 9
24. 什么是计量？什么是计量工作？ ···················· 9
25. 基础工程的材料一般有哪些？ ······················ 9

26. 主体工程的材料及构件一般有哪些？ ………………………… 9
27. 屋面工程的材料一般有哪些？ …………………………………… 10
28. 楼地面工程的材料一般有哪些？ ………………………………… 10
29. 装修工程的材料一般有哪些？ …………………………………… 10

二、材料的定额预算管理 …………………………………………… 11

1. 什么是定额？ …………………………………………………… 11
2. 按生产要素把定额划分成哪几类？ …………………………… 11
3. 按用途把定额划分成哪几类？ ………………………………… 11
4. 按费用性质把定额划分成哪几类？ …………………………… 12
5. 什么叫施工定额？ ……………………………………………… 12
6. 什么叫预算定额？ ……………………………………………… 12
7. 什么叫概算定额？ ……………………………………………… 13
8. 什么叫概算指标？ ……………………………………………… 13
9. 施工预算的作用是什么？ ……………………………………… 13
10. 施工图预算与施工预算的区别是什么？ …………………… 13
11. 施工预算的基本内容和编制要求是什么？ ………………… 15
12. 材料员常用到的表格有哪些？ ……………………………… 17
13. 工(材)料分析表的作用是什么？ …………………………… 17
14. 材料消耗量汇总表的作用是什么？ ………………………… 17
15. 水暖电安装工程施工图预算编制依据有哪些？ …………… 17
16. 安装工程施工图与土建施工图预算有何区别？ …………… 17
17. 室内给排水施工图由哪些图构成？ ………………………… 18
18. 室内采暖施工图由哪些图构成？ …………………………… 18
19. 什么叫管材的公称直径？ …………………………………… 19
20. 管子内外径及壁厚的表示方法是什么？ …………………… 19
21. 管材的分类和用途有哪些？ ………………………………… 20
22. 采暖工程如何分类？ ………………………………………… 21
23. 采暖系统的供热方式有几种？ ……………………………… 22
24. 采暖散热器的种类有哪些？有何优缺点？ ………………… 23
25. 电气照明施工图由哪些图构成？ …………………………… 24
26. 室内电气照明安装工程由哪几部分组成？ ………………… 25
27. 电气照明工程施工图常用图例有哪些？ …………………… 26
28. 给排水施工图常用图例有哪些？ …………………………… 28

29．采暖施工图常用图例有哪些? ……………………… 29
30．什么是材料储备定额? ……………………………… 29
31．确定材料储备定额依据的原则是什么? …………… 29
32．材料储备定额的作用是什么? ……………………… 29
33．材料储备定额由什么构成? ………………………… 30
34．经常储备定额是如何确定的? ……………………… 30
35．保险储备定额是如何确定的? ……………………… 31
36．材料储备定额是如何确定的? ……………………… 31
37．材料季节性储备定额是如何确定的? ……………… 31
38．材料的 A、B、C 管理法是什么? …………………… 32
39．什么是材料的消耗定额? …………………………… 32
40．材料消耗定额的作用是什么? ……………………… 32
41．材料消耗定额分哪两类? 各自作用是什么? ……… 33
42．材料消耗由哪三部分构成? ………………………… 33
43．材料的计划管理是什么? …………………………… 34
44．材料计划管理按用途可分为哪几种? ……………… 34
45．材料计划按日期分为哪几种? ……………………… 35
46．材料计划的编制原则是什么? ……………………… 37
47．材料计划的编制程序是什么? ……………………… 37
48．单位工程材料分析表是什么? ……………………… 39
49．如何确定材料实际需用量? ………………………… 40
50．材料计划的编制方法是什么? ……………………… 40
51．材料需用量的直接计算法是什么? ………………… 42
52．材料需用量的间接计算法是什么? ………………… 42
53．什么叫材料供应计划的四要素? …………………… 43
54．材料计划实施中应做好哪些管理工作? …………… 44

三、材料管理 …………………………………………… 50
  1．建筑企业材料管理指什么? ………………………… 50
  2．按基本成分可把材料划分为哪几种? ……………… 50
  3．按材料在施工中起的作用划分为哪几种? ………… 51
  4．什么叫限额领料? …………………………………… 51
  5．限额领料的形式有哪几种? ………………………… 51
  6．限额数量的确定依据是什么? ……………………… 52

7. 实行限额领料应具备的技术条件有哪些? …………… 53
8. 什么叫班组作业计划? …………………………………… 54
9. 计算混凝土、砂浆用料数量的依据是什么? ………… 55
10. 限额领料的程序是什么? ………………………………… 55
11. 材料采购及订货是指什么? ……………………………… 60
12. 材料采购的原则是什么? ………………………………… 60
13. 如何签订材料采购合同? ………………………………… 60
14. 材料采购合同的主要条款有哪些? ……………………… 61
15. 如何对材料采购合同进行管理? ………………………… 61
16. 签订材料采购合同应注意哪些问题? …………………… 62
17. 企业如何加强对采购资金的管理? ……………………… 63
18. 对材料采购批量如何管理? ……………………………… 64
19. 材料采购方式分哪几种? ………………………………… 66
20. 材料运输方式有哪几种? ………………………………… 67
21. 材料运输管理的任务是什么? …………………………… 67
22. 材料运输管理的原则是什么? …………………………… 68
23. 特种材料运输指哪三种? ………………………………… 69
24. 超限材料运输是指什么? ………………………………… 69
25. 危险品货物运输指什么? ………………………………… 70
26. 什么是现场材料管理? …………………………………… 71
27. 现场材料管理主要完成哪些任务? ……………………… 71
28. 现场材料管理一般分哪三个阶段? ……………………… 72
29. 现场材料管理施工前主要管理内容是什么? …………… 72
30. 现场材料管理施工过程中主要管理的内容是什么? …… 73
31. 现场材料管理工程竣工收尾的主要管理内容是什么? … 74
32. 现场材料一般验收的内容有哪些? ……………………… 75
33. 对水泥在数量上验收时要注意什么? …………………… 75
34. 对木材验收和保管时要注意什么? ……………………… 76
35. 对钢材在验收和保管时要注意什么? …………………… 76
36. 对砂、石料在验收时要注意什么? ……………………… 77
37. 对砖在验收和保管时要注意什么? ……………………… 78
38. 对成品、半成品在验收和保管时要注意什么? ………… 79
39. 现场材料验收内容和方法有哪些? ……………………… 80

40．现场材料发放依据是什么？………………………………… 81
41．现场材料发放的程序是什么？……………………………… 82
42．现场材料的发放方法是什么？……………………………… 82
43．现场材料发放中应注意的问题有哪些？…………………… 83
44．现场材料耗用的依据是什么？……………………………… 84
45．现场材料耗用的程序是什么？……………………………… 84
46．现场材料耗用方法是什么？………………………………… 85
47．现场材料耗用中应注意的问题有哪些？…………………… 86
48．现场材料管理一般存在哪些问题？………………………… 87
49．混凝土工程中节约水泥的措施有哪些？…………………… 87
50．模板工程中节约木材的措施有哪些？……………………… 89
51．节约钢材的措施有哪些？…………………………………… 90
52．节约砌体材料的措施有哪些？……………………………… 91
53．材料仓库管理原则是什么？………………………………… 91
54．对库存材料管理有哪些要求？……………………………… 92
55．对仓库安全要注意哪些问题？……………………………… 93
56．什么叫周转材料？…………………………………………… 93
57．周转材料是如何分类的？…………………………………… 93
58．周转材料管理的内容有哪些？……………………………… 94
59．周转材料的租赁是指什么？………………………………… 95
60．对木模板如何进行管理？…………………………………… 95
61．什么叫材料核算？…………………………………………… 95
62．实现材料核算应具备哪些条件？…………………………… 95
63．按材料核算的性质可划分为哪几种？……………………… 96
64．按材料核算所处的领域可划分为哪两种？………………… 96
65．按材料核算的考核指标可划分为哪两种？………………… 97
66．工程费用的组成内容有哪些？……………………………… 97
67．工程成本的一般核算是指什么？…………………………… 99
68．工程成本材料费的核算是指什么？………………………… 99
69．材料采购核算是指什么？…………………………………… 100
70．材料消耗量核算是指什么？………………………………… 102

四、建筑材料 ……………………………………………………… 104
1．常用五种水泥的名称、强度等级、标准代号、特性是什么？…… 104

2. 常用五种水泥的技术指标是什么？ ………………… 105
3. 建筑工程中对通用水泥的选用有哪些规定？ ……… 105
4. 其他品种水泥的名称、标号、组成和适用范围有哪些？ ……… 106
5. 水泥的验收方法是什么？ …………………………… 108
6. 水泥在运输、保管中应注意哪些问题？ …………… 108
7. 水泥存放超过3个月，使用前有哪些要求？ ……… 109
8. 对受潮水泥应如何处理？ …………………………… 109
9. 什么是集料？ ………………………………………… 109
10. 砂是如何分类的？ …………………………………… 109
11. 对砂中的含泥量和泥块含量是如何规定的？ ……… 110
12. 石子是如何分类的？ ………………………………… 110
13. 对石子中的含泥量和泥块含量是如何规定的？ …… 110
14. 砂子、石子贮运中应注意哪些问题？ ……………… 111
15. 什么是轻集料？它是如何分类的？ ………………… 111
16. 轻集料按原材料来源可划分为几类？ ……………… 112
17. 混凝土中碱骨料反应发生的三个条件是什么？ …… 112
18. 建筑混凝土中碱骨料反应会经常发生吗？ ………… 112
19. 对待碱骨料反应问题，国外是怎样做的？ ………… 112
20. 什么是外加剂？ ……………………………………… 113
21. 外加剂分为哪几类？ ………………………………… 113
22. 预制梁在吊装、运输、堆放时要注意哪些问题？ … 115
23. 预制圆孔板堆放、运输、吊装时应注意哪些问题？ … 115
24. 什么是黑色金属？ …………………………………… 115
25. 钢按冶炼方法是如何分类的？ ……………………… 116
26. 钢按化学成分是如何分类的？ ……………………… 116
27. 钢按用途是如何分类的？ …………………………… 117
28. 钢按质量是如何分类的？ …………………………… 118
29. 普通钢、优质钢、高级优质钢的区别是什么？ …… 118
30. 什么是不锈钢和不锈耐酸钢？ ……………………… 118
31. 不锈钢不易生锈的原因是什么？ …………………… 119
32. 不锈钢的牌号是怎样划分的？ ……………………… 119
33. 常用不锈钢有哪些品种？ …………………………… 119
34. 钢材的类别、品种有哪些？ ………………………… 120

35. 热轧圆钢、方钢、扁钢常用规格有哪些？ ……………… 121
36. 热轧角钢的常用规格有哪些？ …………………………… 122
37. 热轧槽钢、工字钢型号有哪些？ ………………………… 122
38. 建筑用钢筋按加工工艺划分为哪几类？ ………………… 123
39. 建筑用钢筋的级别、牌号，是如何表示的？ …………… 123
40. 对热轧带肋钢筋外观质量有何要求？ …………………… 123
41. 钢材产品合格证的内容有哪些？ ………………………… 123
42. 钢丝绳的特点有哪些？ …………………………………… 124
43. 电梯用钢丝绳的特点是什么？ …………………………… 124
44. 什么叫金属的塑性变形？ ………………………………… 124
45. 钢材塑性变形后性质有什么变化？应如何处理？ ……… 125
46. 什么叫金属的冷加工、热加工？它们有何作用？ ……… 125
47. 什么叫金属的化学腐蚀、电化学腐蚀？如何防止其发生？ …… 126
48. 在仓储中如何防止钢材腐蚀？ …………………………… 126
49. 木材是怎样分类的？ ……………………………………… 127
50. 根据管孔的不同判断阔叶树种的方法是什么？ ………… 128
51. 根据年轮识别不同树种的方法是什么？ ………………… 128
52. 根据射线识别不同树种的方法是什么？ ………………… 129
53. 根据树皮识别不同树种的方法是什么？ ………………… 129
54. 根据原木的材表、断面形状、髓心来识别不同树种的
    方法是什么？ …………………………………………… 130
55. 木材发生湿胀和干缩的原因是什么？在各方向上
    有何不同？ ……………………………………………… 131
56. 木材的纤维饱和点是什么？其意义是什么？ …………… 132
57. 木材的平衡含水率是什么？ ……………………………… 132
58. 根据木材湿胀干缩性质，贮存木材应注意什么？ ……… 132
59. 木材的缺陷有哪些种类？ ………………………………… 133
60. 胶合板具有哪些特点？ …………………………………… 134
61. 胶合板是怎样分类的？ …………………………………… 134
62. 普通胶合板的类别、性质、用途各是什么？ …………… 135
63. 检验胶合板的方法是什么？ ……………………………… 136
64. 胶合板在运输、保管时有什么要求？ …………………… 136
65. 什么是纤维板？分为哪几类？ …………………………… 136

66．什么是刨花板？ 137
67．砌墙砖(砌块)分哪几类？ 138
68．怎样鉴别欠火砖和过火砖？ 138
69．烧结普通砖技术要求有哪些？ 138
70．什么是混凝土空心小型砌块？ 139
71．建筑防水材料有哪些种类？ 139
72．弹性体沥青防水卷材(SBS)的适用范围是什么？ 140
73．防水材料被限制和淘汰的产品有哪些？ 140
74．哪种门窗属于限制使用产品？ 141
75．什么是建筑装饰材料？按应用可划分为哪几种？ 141
76．选择建筑装饰材料时应注意哪些问题？ 141
77．白水泥与普通水泥有哪些区别？ 142
78．白水泥白度用什么表示？有几种等级？几个标号？ 142
79．饰面石材根据使用范围可分为哪几类？ 142
80．花岗石有哪些特点？为什么不耐火？ 143
81．大理石有哪些特点？为什么不宜做外部装饰材料？ 143
82．氡是什么？ 144
83．氡是从哪里来的？ 144
84．对氡的认识有哪些误区？ 144
85．氡子体是致病的元凶吗？ 145
86．对氡如何进行防治？ 145
87．根据原材料不同陶瓷产品分几类？ 145
88．常用装饰陶瓷有哪些品种？各适用于何处？ 145
89．为什么釉面砖只适用室内，而不适合室外？ 146
90．建筑玻璃在现代建筑中具有哪些用途？ 146
91．吸热玻璃与热反射玻璃有何区别？ 147
92．中空玻璃有何特性？常见品种有哪些？常用于何处？ 147
93．钢化玻璃在实际中有哪些应用？ 148
94．夹丝玻璃有何用途？ 148
95．哪些玻璃称为安全玻璃？ 148
96．木地板有哪些种类？ 149
97．什么是条形木地板？ 149
98．什么是拼花形木地板？ 149

99．什么是硬木地板？ 150
100．什么是软木地板？ 150
101．什么是复合木地板？ 151
102．什么是复合长条企口木地板？ 151
103．什么是拼花木地砖？ 151
104．什么是天然软木地板？ 152
105．什么是精竹地板？ 152
106．装饰壁纸、墙布有哪些种类？ 152
107．什么是塑料？ 153
108．什么是树脂？ 153
109．什么是涂料？为什么还称为油漆？ 154
110．涂料的作用有哪些？ 154
111．涂料是如何分类的？ 155
112．按主要成膜物质，涂料分为哪十八类？ 155
113．涂料按基本名称是怎样分类和编号的？ 156
114．涂料按使用不同分哪几类？ 157
115．涂料命名的原则是什么？牌号是怎样表示的？ 158
116．磁漆和底漆各有何特点？ 159
117．清油和清漆各有何特点？ 160
118．厚漆和调和漆各有何特点？ 160
119．对油基和硝基漆类涂料如何鉴别？ 161
120．根据被涂覆的物体不同，选择涂料时应注意什么？ 162
121．根据不同性能的要求，如何选择适合的涂料？ 162
122．涂料在保管时应注意什么？ 163
123．怎样识别真假107胶水？ 164
124．建筑给水常用钢管管件有哪些？ 165
125．建筑给水常用钢管有哪些？ 165
126．什么是给水铸铁管？有哪几种？ 165
127．给水铸铁管件有哪些？ 165
128．硬聚氯乙烯塑料管的适用范围有哪些？ 165
129．什么是铝塑复合管？有哪些优点？适用范围有哪些？ 166
130．给水管道部件有哪些？ 166
131．常用水表有哪两种？ 166

15

132. 建筑排水管材有哪些？ …………………………………… 166
133. 排水铸铁管件有哪些？ …………………………………… 167
134. 卫生器具按用途是如何分类的？ ………………………… 167
135. 哪几种水暖管件属于被限制和淘汰产品？ ……………… 167
136. 常用采暖散热器有哪些种类？ …………………………… 167
137. 膨胀水箱的作用是什么？ ………………………………… 167
138. 伸缩器的作用是什么？分哪几种？ ……………………… 168
139. 集气罐工作原理是什么？分哪几种？ …………………… 168
140. 疏水器的作用是什么？分哪几种？ ……………………… 168
141. 减压阀的作用是什么？分哪几种？ ……………………… 168
142. 什么是地面采暖？地面采暖与其他采暖
    方式比有什么优点？ ……………………………………… 169
143. 常用导线分哪几类？ ……………………………………… 170
144. 常用电光源分哪几类？ …………………………………… 170
145. 常用照明器具有哪些？ …………………………………… 171
146. 电器照明常用项目有哪些？ ……………………………… 172
147. 现代建筑装饰灯具有哪些要求？ ………………………… 173
148. 不同的公共场所的照明有哪些要求？ …………………… 173
149. 功能性灯具有哪些种类？主要应用在什么地方？ ……… 174
150. 公共场所常用照明形式有哪些？ ………………………… 175
151. 灯具是如何分类的？ ……………………………………… 175

五、新材料 …………………………………………………… 176

1. GZL 型威卢克斯斜屋顶窗的特点有哪些？ ……………… 176
2. GZL 型威卢克斯斜屋顶窗的功能有哪些？ ……………… 176
3. 威卢克斯斜屋顶窗在通风、采光、各种排水技术方面
   有何优点？ ………………………………………………… 176
4. 威卢克斯斜屋顶窗为什么可以更新设计概念？ ………… 177
5. 隐形幻彩颜料的特点是什么？ …………………………… 178
6. 紫外光源照明是什么？ …………………………………… 178
7. 隐形幻彩颜料的种类有哪几种 …………………………… 178
8. 隐形幻彩颜料的应用范围是什么？ ……………………… 178
9. 钢丝网架聚苯乙烯芯板（GJ 板）是什么？ ……………… 178
10. GJ 板的适用范围是什么？ ……………………………… 179

11. GJ 板材料施工的特点是什么？ …………………………… 179
12. GJ 板辅以配筋可做成哪些构件？ ………………………… 180
13. 华丽胶条的特点是什么？ …………………………………… 180
14. 什么叫再造石？ ……………………………………………… 180
15. 再造石装饰品的特点有哪些？ ……………………………… 180
16. 再造石装饰品的品种有哪些？ ……………………………… 181

一、材料员须知

1. 材料员的岗位职责是什么？

施工现场材料员,是指采购员及保管员。采购员要服从工地负责人的安排,根据工程进度计划和材料采购单采购到既合格又经济的材料。采购员在采购时要了解材料价格方面的信息,采购的材料要有出厂合格证,销售材料的单位要经过认证,有些材料要有"三证一标志"。运输时要根据材料的特点进行,以免受潮、损坏。材料保管员在组织材料进库时,要先验收合格后才允许入库,入库的材料要分门别类堆放、保管,要防雨雪、防潮、防锈、防火、防碰撞,并建立完善的材料出入库手续和材料管理制度。

2. 建筑材料的基本性质有哪些？

(1)材料的密度(密度、表观密度、视密度、堆积密度、相对密度、标准密度)。

(2)密实度与孔隙率。

(3)填充率与空隙率。

(4)亲水性与憎水性。

(5)吸水性。

(6)吸湿性。

(7)耐久性。

(8)抗冻性。

(9)抗渗性。

(10)导热性。

(11)热容量。

(12)强度。
(13)弹性与塑性。
(14)脆性与韧性。

3．材料的密度是什么？

材料在绝对密实状态下单位体积的质量，称为密度。密度用下式表示：

$$\rho = \frac{m}{V}$$

式中　ρ——密度，g/cm^3；
　　　m——材料干燥时的质量，g；
　　　V——材料的绝对密实体积，cm^3。

4．材料的表观密度是什么？

材料在自然状态下单位体积的质量，称为表观密度。表观密度用下式表示：

$$\rho_0 = \frac{m}{V_0}$$

式中　ρ_0——表观密度，g/cm^3 或 kg/m^3；
　　　m——材料的质量，g 或 kg；
　　　V_0——材料自然状态下的体积，cm^3 或 m^3。

表观密度值通常取气干状态下的数据，否则应注明是何种含水状态。

5．材料的堆积密度是什么？

散粒状材料在一定的疏松堆放状态下，单位体积的质量，称为堆积密度。堆积密度用下式表示：

$$\rho_0' = \frac{m}{V_0'}$$

式中　ρ_0'——堆积密度，kg/m^3；

m ——材料的质量，kg；

V_0' ——粒状材料的堆积体积，m³。

6. 材料的孔隙率是什么？

材料中孔隙的体积占材料总体积的百分率，称孔隙率。仍用前述的代表符号，孔隙率 P，可写作下式：

$$P = \frac{V_0 - V}{V_0} \times 100\%$$

即 $$P = \left(1 - \frac{V}{V_0}\right) \times 100\%$$

7. 材料的密实度是什么？

绝对密实体积与自然状态体积的比率，为材料的密实度。即 V/V_0。密实度表征了在材料体积中，被固体物质所充实的程度。同一材料的密实度和孔隙率之和为 1。

将 $V = m/\rho$，$V_0 = m/\rho_0$ 代入并简化，孔隙率可由下式表示：

$$P = \left(1 - \frac{\rho_0}{\rho}\right) \times 100\%$$

8. 材料的空隙率是什么？

散粒状材料，在一定的疏松堆放状态下，颗粒之间空隙的体积，占堆积体积的百分率，称为空隙率。空隙率 P' 可写作下式：

$$P' = \frac{V_0' - V_0}{V_0'} \times 100\%$$

即 $$P' = \left(1 - \frac{V_0}{V_0'}\right) \times 100\%$$

9. 材料的填充度是什么？

填充度表示散粒材料在某种堆积体积中，颗粒的自然体积占有率。V_0/V_0' 即填充度。

将 $V_0 = m/\rho_0$,$V_0' = m/\rho_0'$ 代入并简化,空隙率可由下式表示：

$$P' = \left(1 - \frac{\rho_0'}{\rho_0}\right) \times 100\%$$

10. 材料的强度、极限强度是什么？

材料因承受外力(荷载),所具有抵抗变形不致破坏的能力,称作强度。破坏时的最大应力,为材料的极限强度。

外力(荷载)作用的主要形式,有压、拉、弯曲和剪切等,因而所对应的强度有抗压强度、抗拉强度、抗弯(折)强度和抗剪强度。

11. 材料的强度有几种？

材料的强度:有抗拉强度、抗压强度、抗弯(折)强度、抗剪强度。

材料的抗拉、抗压和抗剪强度,可用下式计算：

$$f = \frac{P}{A}$$

式中　f——抗拉、抗压或抗剪强度,MPa；
　　　P——拉、压或剪切的破坏荷载,N；
　　　A——被该荷载作用的面积,mm^2。

抗弯(折)强度的计算,则按受力情况、截面形状等不同,方法各异。如当跨中受一集中荷载的矩形截面的试件,其抗弯强度按下式计算：

$$f_f = \frac{3PL}{2bh^2}$$

式中　f_f——抗弯(折)强度,MPa；
　　　P——破坏荷载,N；
　　　L——两支点间距离即跨度,mm；
　　　b——试件截面的宽度,mm；
　　　h——试件截面的高度,mm。

12. 材料的弹性、塑性变形是什么？

材料在外力作用下产生变形，当解除外力后，变形能完全消失，这种变形称为弹性变形；如不能恢复原有形状，仍保留的变形，称为塑性变形。

材料的变形性能，同样取决于它们的成分、结构和构造。同一种材料，在不同的受力阶段，多表现出兼有弹性和塑性变形。如低碳钢，从加载初始到某一限度前，即发生弹性变形，继后又表现出塑性变形。而混凝土受力后，则弹性变形和塑性变形同时产生。

材料处于弹性变形阶段时，其变形与外力成正比。工程上常用弹性模量表示材料的弹性性能，用作衡量材料抵抗变形性能的指标。弹性模量是应力与应变的比值，其值越大，说明材料越不易变形。

13. 材料的吸水率是什么？

通常指材料在水中所能吸足水的质量，占材料干燥时质量的百分率。这种以质量计的吸水率，可按下式计算：

$$w = \frac{m_1 - m}{m} \times 100\%$$

式中　w——以质量计的吸水率，%；
　　　m_1——材料吸水饱和时的质量，g；
　　　m——材料干燥状态下的质量，g。

有些轻质材料，按上式计算吸水率时，由于 m_1 可能是 m 的若干倍，其结果要大于100%。这些材料的吸水率，当以体积计时：

$$w_v = \frac{m_1 - m}{V_0} \times 100\%$$

式中　w_v——以体积计的吸水率，%；
　　　m_1、m——同前式，g；
　　　V_0——材料在自然状态下的体积，cm³。

14．材料的吸湿性是什么？

材料在潮湿环境中,吸收水分的性质,叫吸湿性。吸湿性常以含水率表示,即材料含有水的质量,占干燥时材料质量的百分率。可用下式计算含水率：

$$w' = \frac{m'_1 - m}{m} \times 100\%$$

式中　w'——含水率,%；

　　　m'_1——材料中含有水后的质量,g；

　　　m——材料干燥状态下的质量,g。

15．材料的耐水性是什么？

材料长期受饱和水作用,能维持原有强度的能力,称为耐水性。耐水性常以软化系数表示：

$$K = \frac{f_1}{f}$$

式中　K——软化系数；

　　　f_1——材料在饱水状态下的抗压强度,MPa；

　　　f——材料在干燥状态下的抗压强度,MPa。

软化系数 K 值,可由0~1,接近于1,说明耐水性好。通常认为,$K>0.8$ 的材料,就具备了相当的耐水性。

16．材料的抗渗性是什么？

材料抵抗有压力水的渗透能力,称为抗渗性。材料抗渗性的指标,通常用抗渗等级表示,如 P6、P8、P12……等。抗渗等级中的数字,系在特定的条件下,对试件施以水压,并逐级升高,待达到最高水压规定时,该水压的 MPa 值乘10。另外,抗渗性也常用渗透系数表示,其值越小,材料的抗渗性越好。

17．材料的抗冻性是什么？

材料饱水后,经受多次冻融循环,保持原有性能的能力,称为抗冻性。将饱水的试件所能抵抗的冻融循环数,作为评价抗冻性的指标,通称抗冻等级。如 F15、F50、F100……,分别表示抵抗 15 个、50 个、100 个冻融循环,而未超过规定的损失程度。

对于冻融的温度和时间,循环次数,冻后损失的项目和程度,不同的材料均有各自的具体规定。

材料遭受冻结破坏,主要因浸入其孔隙的水,结冰后体胀,对孔壁产生的应力所致。另外,冻融时的温差应力,亦产生破坏作用。抗冻性良好的材料,其耐水性、抗温度或干湿交替变化能力、抗风化能力等亦强。

18. 材料的耐久性是什么?

耐久性是指材料在使用期间,对可能发生的变质现象,而导致原有性能劣化的抵抗力。材料应用于建筑后,会因经受所处环境各种不利因素的作用而劣化,如物理的损耗、化学的侵蚀和生物的破坏等。

19. 常用法定计量单位有哪些?

法定计量单位符号表　　　　　表1-1

量 的 名 称	单 位 名 称	符 号
长　度	米,厘米	m,cm
质量(重量)	千克,吨	kg,t
时　间	秒	s
	分	min
	小　时	h
	天(日)	d
体　积	升,毫升	L,mL
力,重力	牛　顿	N
强度,应力	帕斯卡,兆帕	Pa,MPa
弹性模量	兆　帕	MPa
热量,能量	焦　耳	J
功　率	瓦　特	W
导热系数	瓦特每米开尔文	W/(m·K),W/(m·℃)
频　率	赫　兹	Hz

20. 法定与非法定计量单位之间如何换算？

法定与非法定计量单位换算关系表　　　表 1-2

量的名称	习用计量单位		法定计量单位		换算关系
	中文名称	符号	中文名称	符号	
力,强度 应力 弹性模量 热,热量	千克力 千克力每平方厘米 千克力每平方厘米 卡	kgf kgf/cm² kgf/cm² cal	牛顿 兆帕斯卡 兆帕斯卡 焦耳	N MPa MPa J	1kgf=10N 1kgf/cm²≈0.1MPa 1kgf/cm²≈0.1MPa 1cal=4.187J
导热系数	千卡每米小时摄氏度	kcal (m·h·℃)	瓦特每米开尔文	W/(m·K)	1kcal/(m·h·℃) =1.163W/(m.K)

21. 建筑材料的检验依据是什么？

建筑材料检验的依据,是各项有关的技术标准、规程、规范和技术规定。这些经国家批准颁发的技术条令,是材料检验必须遵守的法规。

目前主要建筑材料都有统一的技术标准。标准的主要内容,包括材质和检验两大方面,有的将这两个方面合订在同一个标准中;有的则分成两个或几个标准。现场配制的一些材料,它们的原材料要符合相应的建材标准,制成成品的检验,往往包含于施工验收规范和规程之中。由于标准的分工越来越细和相互引用渗透,一种材料的检验,经常要涉及到多个标准、规程和规定。

22. 我国的技术标准分哪四级？标准代号是什么？

各种标准的代号　　　表 1-3

标准种类		代　号	表示顺序(例)
1	国家标准	GB GB 强制性标准 GB/T 推荐性标准 GBn 内控标准	代号、标准编号、颁布年代(GB12958—91)

续表

	标准种类	代号	表示顺序（例）
2	行业标准	如： JC 建材行业强制性标准 JC/T 建材行业推荐性标准 YB 冶金行业强制性标准 YB/T 冶金行业推荐性标准	代号、标准编号、颁发年代（JC/T479—92）
3	地方标准	DB	DB 地方强制性标准 DB/T 地方推荐性标准	代号、行政区号、标准号、颁发年代(DB 14323—91)
4	企业标准	QB	QB	代号/企业代号、顺序号、发布年代(QB/203 413—92)

23．标准"GB12958—91"代表什么？

表示国家标准中的强制性标准，标准的编号是 12958，颁布的年代是 1991 年。

24．什么是计量？什么是计量工作？

计量是指用一种标准的单位量，去测定另一类单位相同的量值。例如，用千克去测定某一类物质的质量，用兆帕去测定某种材料的强度等。

计量工作，指按一定的科学方法进行的测试、检验、测定分析等工作。计量工作是企业经营管理最基础的工作，各种原始数据反映出来的情况，都是通过一定量的计量手段获得的。

25．基础工程的材料一般有哪些？

一般有钢筋、水泥、砂、石子、砖、外加剂、过梁、沟盖板、给排水管及管件、电气穿地管等。

26．主体工程的材料及构件一般有哪些？

有钢筋、水泥、砂、石子、粉煤灰、白灰膏、外加剂、预制楼板、楼梯板、阳台、雨罩、过梁、通风道、挑檐板、砖及砌块等。

9

27. 屋面工程的材料一般有哪些？

有找平层用炉渣、保温层用的保温砌块（聚苯乙烯泡沫塑料板、加气混凝土砌块、水泥膨胀珍珠岩制品）、防水涂料、防水卷材等。

28. 楼地面工程的材料一般有哪些？

一般有水泥、砂、石子、钢筋、瓷砖、大理石、木地板、地毯等。

29. 装修工程的材料一般有哪些？

一般有门、窗、外墙涂料、内墙涂料、内（外）墙瓷砖、水泥、砂、白灰膏、粉煤灰、木材、板材、玻璃油漆；管材、管件、卫生洁具、散热器（片）、膨胀水箱、集气罐、伸缩器、排气阀、龙头、阀门；导管、开关、插座、灯具、配电箱、接闪器等。

二、材料的定额预算管理

1. 什么是定额？

定额是国家主管部门颁发的用于规定完成建筑安装产品所需消耗的人力、物力和财力的数量标准。

定额反映了在一定生产力水平条件下，施工企业的生产技术水平和管理水平。

2. 按生产要素把定额划分成哪几类？

（1）劳动定额

劳动定额是施工单位内部使用的定额。它规定了在正常施工条件下，某工种某等级的工人，生产单位合格产品所需消耗的劳动时间；或是在单位工作时间内生产合格产品的数量标准。

（2）材料消耗定额

材料消耗定额是施工单位内部使用的定额。它规定了在节约和合理使用材料的条件下，生产单位合格产品所必需消耗的一定品种规格的原材料、半成品、成品或结构构件的数量标准。

（3）机械台班使用定额

机械台班使用定额用于施工企业。它规定了在正常施工条件下，利用某种施工机械，生产单位合格产品所必需消耗的机械工作时间；或者在单位工作时间内机械完成合格产品的数量标准。

3. 按用途把定额划分成哪几类？

施工定额、预算定额、概算定额、概算指标。

4．按费用性质把定额划分成哪几类？

(1)建筑工程预算定额

确定建筑工程人工、材料、机械台班消耗量(或货币量)的定额。

(2)安装工程预算定额

确定设备安装、水电安装工程的人工、材料、机械台班消耗量(或货币量)的定额。

(3)费用定额

确定间接费、计算利润、税金的定额。

5．什么叫施工定额？

施工定额是以同一性质的施工过程为对象,规定某种建筑产品的人工、材料、机械台班消耗的数量标准。

施工定额是由施工企业根据本企业生产力水平和管理水平制定的内部定额。

施工定额一般由劳动定额、材料消耗定额、机械台班定额组成。

6．什么叫预算定额？

建筑安装工程预算定额是建筑工程预算定额和安装工程预算定额的总称,简称预算定额。

预算定额是主管部门颁发用于确定一定计量单位分项工程或结构构件的人工、材料、施工机械台班消耗量和基价的数量标准。

预算定额是基本建设中一项重要的技术经济文件。它反映了国家允许施工企业和建设单位完成施工任务时消耗的活劳动和物化劳动的数量限额。这种限额最终决定了国家或建设单位能够为建设工程向施工企业提供多少物质资金和建设资金。可见,预算定额体现了国家、建设单位与施工企业间的经济关系。

7．什么叫概算定额？

它规定了完成单位扩大分项工程或结构构件所必须消耗的人工、材料、机械台班的数量标准。

概算定额由预算定额综合而成，是将预算定额中有联系的若干个分项工程项目综合为一个概算定额项目。例如，砖基础工程在预算定额中一般划分为人工挖基槽土方、基础垫层、砖基础、墙基防潮层等若干个分项工程。但在概算定额中，将上述若干个项目综合为一个概算定额项目，即砖基础项目。

8．什么叫概算指标？

它是以整个建筑物或构筑物为对象，规定了人工、机械台班、材料消耗指标的一种标准。其计量单位为"m^2"、"m^3"、"座"等。

9．施工预算的作用是什么？

施工预算的作用与施工定额的作用基本相同，这里只列作用的要点：

(1)施工预算是施工企业编制施工作业计划、劳动力计划和材料需用量计划的依据。

(2)施工预算是基层施工单位签发施工任务单和限额领料单的依据。

(3)施工预算是计算计件工资、超额奖金和开展定包、实行按劳分配的依据。

(4)施工预算是施工企业开展经济活动分析、进行"两算"对比的依据。

(5)施工预算是促进实施施工技术组织节约措施的有效方法。

10．施工图预算与施工预算的区别是什么？

施工预算与施工图预算的区别主要有以下几个方面：

(1)"两算"的作用不同

施工图预算是确定工程造价,对外签订工程合同,办理工程拨款和贷款、考核工程成本、办理竣工结算的依据。在实行招标、投标的情况下,它也是招标者计算标底和投标者进行报价的基础。

施工预算是为达到降低成本的目的,按照施工定额的规定,结合挖掘企业内部潜力而编制的一种供企业内部使用的预算。是编制施工生产计划和企业内部实行定额管理、确定承包任务的基础。

(2)"两算"的编制依据不同

施工图预算与施工预算虽然都是根据同一施工图编制的,但前者的人工、材料和机械台班消耗量,是根据预算定额规定的标准计算的,所表现的是社会平均水平的建筑产品活劳动和物化劳动消耗的补偿量,是施工企业确定资金来源的主要依据。而后者则是根据施工定额的规定,并结合施工企业本身所采用的技术组织措施来计算的,所表现的是企业生产力水平的建筑产品活劳动和物化劳动消耗的付出量,是施工企业控制资金支出的主要尺度。

(3)"两算"的工程量计算规则和计量单位有许多不同点

由于"两算"所依据的定额不同,其工程量计算规则和计量单位也不尽相同。施工图预算的工程量是按照预算定额所规定的计算规则和计量单位计算的。而施工预算的工程量要按照劳动定额的规定、地区材料消耗定额的要求、企业管理的需要来进行计算。

(4)"两算"的费用组成不同

施工图预算的费用组成,除计算直接费以外,还要计算间接费、利润和税金。而施工预算则主要是计算人工、材料和施工机械台班的消耗量及其相应的直接费,再按照各施工企业所采取的内包办法,增加适当的包干费用,其额度由各施工单位经过测算确定。

(5)"两算"的编制方法和粗细程度不同

施工图预算的编制是采用的单位估价法,定额项目的综合程度较大,是用来确定工程造价的。施工预算的编制一般是采用的实物法或实物金额法,定额项目按工种划分,其综合程度较小。由于施工预算要满足按工种实行定额管理和班组核算的要求,所以,预算项目划分较细,并要求分层、分段进行编制。

综上所述,我们可以知道,施工图预算与施工预算无论是在其作用上、编制依据、编制方法、费用组成和粗细程度上均有所不同。如果说施工图预算是确定建筑企业各项工程收入的依据,而施工预算则是建筑企业控制各项成本支出的尺度,这是"两算"最大的区别。

11. 施工预算的基本内容和编制要求是什么?

(1)基本内容

施工预算的基本内容由"编制说明"和"计算表格"两部分组成。

1)编制说明

①编制依据,包括说明采用的施工图、施工定额、工日单价、材料预算价格、机械台班预算价格、施工组织设计或施工方案及图纸会审记录等内容。

②所编施工预算的工程范围。

③根据现场勘察资料考虑了哪些因素。

④根据施工组织设计考虑了哪些施工技术组织措施。

⑤有哪些暂估项目和遗留项目,并说明其原因和处理方法。

⑥还存在和需要解决的问题有哪些。

⑦其他需要说明的问题。

2)计算表格

①工程量计算表,是施工预算的基础表。主要反映分部分项工程名称、工程数量、计算式等。

②工料分析表,是施工预算的基本计算用表。主要反映分部分项工程中的各工种人工、不同等级的用工量与各种材料的消耗量。

③人工汇总表,是编制劳动力计划及合理调配劳动力的依据。它由"工料分析表"上的人工数,按不同工程和级别分别汇总而成。

④材料消耗量汇总表,是编制材料需用量计划的依据。它由

"工料分析表"上的材料量,按不同品种、规格,分现场用与加工厂用进行汇总而成。

⑤机械台班使用量汇总表,是计算施工机械费的依据。是根据施工组织设计规定的实际进场机械,按其种类、型号、台数、工期等计算出台班数,汇总而成。

⑥"两算"对比表,是在施工预算编制完后,将其计算出的人工、材料消耗量以及人工费、材料费、施工机械费、其他直接费等,按单位工程或分部工程与施工图预算进行对比,找出节约或超支的原因,作为单位工程开工前在计划阶段的预测分析用表。

此外还有钢筋混凝土构件、金属构件、门窗木作构件的加工订货表、钢筋加工表、铁件加工表、门窗五金表等,视各单位的业务分工和具体编制内容而定。

(2)编制要求

施工预算的编制要求与施工预算的作用紧密相关,一般应达到下列要求:

1)编制深度合适

对于施工预算的编制深度,应满足下面两点要求:

①能反映出经济效果,以便为经济活动分析提供可靠的数据。

②施工预算的项目,要能满足签发施工任务单和限额领料单的要求,尽量做到使工地不重复计算,以便为加强定额管理,贯彻按劳分配,实行队组经济核算创造条件。

2)内容要紧密结合现场实际

按所承担的任务范围和采取的施工技术措施,挖掘企业内部潜力,实事求是地进行编制,反对多算和少算,以便使企业的计划成本,通过编制施工预算,建立在一个可靠的基础上,为施工企业在计划阶段进行成本预测分析,降低成本额度创造条件。

3)要保证其及时性

编制施工预算是加强企业管理,实行经济核算的重要措施,施工企业内部编制的各种计划、开展工程定包、贯彻按劳分配、进行经济活动分析和成本预测等,无一不依赖于施工预算所提供的资料。因此,必须采取各种有效措施,使施工预算能在单位工程开工前编制完毕,以保证使用。

12. 材料员常用到的表格有哪些？

工料分析表;材料消耗量汇总表;施工作业任务书;入库单;领料单;材料调拨单;发放记录;加工申请单;钢筋配料单;铁件加工单;采购计划表;混凝土配合比通知单;砂浆配合比通知单等。

13. 工(材)料分析表的作用是什么？

是施工预算的基本计算用表。通过此表可以查出分部分项工程中的各工种的用工量和各项原材料的消耗量。以此作为计划采购的依据之一。

14. 材料消耗量汇总表的作用是什么？

是编制材料需用量计划的依据。它是由工料分析表上的材料量,按不同品种、规格,分现场用与加工厂用进行汇总而成。

15. 水暖电安装工程施工图预算编制依据有哪些？

1) 会审后的水、暖、电施工图及有关标准图。
2) 施工组织设计或施工方案。
3) 安装工程单位估价表或安装工程预算定额。
4) 地区安装材料预算价格及调整材料价差的规定。
5) 费用标准(包括利润率、税率)。

16. 安装工程施工图与土建施工图预算有何区别？

1) 两图的表示方法和图例不同,识图方法也不同。
2) 预算定额规定的工程量计算规则不同,定额单位不同,工程量计算方法不同。
3) 预算定额基价的构成内容不同,安装工程预算定额(或安装工程单位估价表)的基价没有包括未计价材料费,它是不完全的工程基价。

4)计算各项费用的基础不同,土建工程一般采用定额直接费作为取费基础;安装工程一般采用定额人工费作为取费基础。

17．室内给排水施工图由哪些图构成？

室内给排水施工图由平面图、系统图和详图组成。
(1)平面图
平面图表示建筑物各层给排水管道与设备的平面布置。内容包括：
1)给水引入管、污水排出管的位置、名称和管径。
2)给排水干管、立管、支管的位置、管径大小和立管编号。
3)用水房间的名称、编号、卫生器具或用水设备的类型、位置。
4)水表、阀门、水龙头、扫除口、地漏等附件的位置。
(2)系统图
系统图也称轴测图。它表示给排水系统中,各管道之间上、下、左、右、前、后的空间位置关系。给水与排水系统图应分别绘制。系统图的内容包括：
1)各干管、立管、支管的管径、管长、管道安装的标高和坡度等。
2)各配水龙头、阀门、水表、卫生器具的数量和安装的标高。
(3)详图
详图表示卫生器具、设备或节点的详细构造和安装尺寸。
除上述三个方面的施工图外,还要有设计说明,主要材料和设备的需用量明细表等。

18．室内采暖施工图由哪些图构成？

采暖工程施工图一般由平面图、系统图和详图组成。
(1)平面图
平面图表示建筑物各层供水、回水管道与散热器的平面布置。
(2)系统图

系统图也称轴测图。它表示采暖供水、回水系统中各管道之间上、下、左、右、前、后的空间位置关系。

(3)详图

详图表示散热器等的详细构造和安装尺寸。

除上述三个方面的施工图外,还有设计说明、主要材料和设备需用量明细表等。

19. 什么叫管材的公称直径?

公称直径又叫公称通径,是管材和管件规格的主要参数。

公称直径是为了设计、制造、安装和维修的方便而人为规定的管材、管件规格的标准直径。

公称直径在若干情况下与制品接合端的内径相似或者相等。但在一般情况下,大多数制品其公称直径既不等于实际外径,也不等于实际内径,而是与内径相近的一个整数,所以公称直径又叫名义直径,是一种称呼直径。

公称直径的符号是"DN",单位以毫米计算。例如公称直径为20mm的镀锌焊接钢管,可以写成"$DN20$ 镀锌焊接钢管",该钢管的外径为26.75mm,壁厚2.75mm,内径是21.25mm。

管材、管件的实际内径和外径,根据其结构特征,由各制品的技术标准来规定。但是无论怎样规定,凡是公称直径相同的管材、管件和阀门都能相连接。

低压流体输送用镀锌焊接钢管、非镀锌焊接钢管、铸铁管、硬聚氯乙烯管、聚丙烯管等管径用公称直径 DN 表示。

20. 管子内外径及壁厚的表示方法是什么?

管子的外径用字母 D 表示,其后附加直径的尺寸。例如,外径为108mm的管子用 $D108$ 表示。

管子的内径用字母 d 表示,其后附加内直径的尺寸。例如,内径为100mm的管子用 $d100$ 表示。

焊接钢管(直缝或螺旋缝电焊钢管)、无缝钢管应以管子的外径乘壁厚表示。例如,外径为 108mm、壁厚为 4mm 的无缝钢管用 $D108×4$ 表示;外径为 377mm、壁厚为 9mm 的直缝(或螺旋缝)卷制电焊钢管用 $D377×9$ 表示。

21. 管材的分类和用途有哪些?

(1)管材的种类

管材种类分类表见表 2-1。

管 材 分 类 表　　　　表 2-1

类别	名称		规格	说明
钢管	无缝钢管		外径×壁厚($D×δ$)	用碳钢、优质碳素钢或合金钢制成,分为热轧、冷轧两类
	有缝钢管	水煤气钢管	以 DN 表示	分黑铁管与镀锌管
		卷焊钢管	外径×壁厚($D×δ$)	分直缝与螺旋缝
铸铁管	给水铸铁管		以 DN 表示	分低压、中压、高压三种
	排水铸铁管		以 DN 表示	常用承插式
有色金属管	铝管、铝合金管		外径×壁厚($D×δ$)	
	铅管、铅合金管			
	铅管、铜合金管			
混凝土管	水泥管		以外径 D 表示	
	钢筋混凝土管			
	石棉水泥管			
陶土管	普通陶土管		内径×壁厚×长度 ($d×δ×l$)	
	耐酸陶土管			
塑料管	硬聚氯乙烯管		外径×壁厚 ($D×δ$)	
	软聚氯乙烯管			
	聚氯乙烯管			
	耐酸酚醛塑料管			

(2)管材的用途

1)无缝钢管:是工业管道中最常用的一种管材,品种规格多,使用量大。但在民用安装工程中,无缝钢管一般用于采暖和燃气的主干管道等。

2)水、煤气钢管:一般用 Q235 普通碳素钢焊接加工制作,所以也称焊接钢管。钢管按表面质量分镀锌管和非镀锌管两种。镀锌钢管又称为白铁管,非镀锌钢管又称为黑铁管。

水、煤气钢管一般用于室内的给水管道、煤气、天然气管道等的安装。

3)卷焊钢管:用普通碳素钢板卷制焊接而成。卷焊钢管一般用于工业管道中的物料管道或输送介质要求不高的工艺管道,以及民用室外给水主干管道。

4)铸铁管:是用灰口生铁浇制而成,耐腐蚀性较好的管材。

给水承插式铸铁管常用于室外给水管道。排水承插式铸铁管常用于室内排水工程。

5)有色金属管:铝管常用于输送强腐蚀性介质的管道,如输送苯的管道。铜管常用于压缩机的输油管和自动仪表的连接管道。

6)混凝土管:用高强度等级水泥的混凝土采用离心管机高速旋转成型而成。它具有一定的耐碱和承受压力的性能,一般常用于工业与民用建筑的室外排水管道。

7)陶土管:多用于室内排水管道。

耐酸陶土管常用于化工和石油工程中输送酸性介质的工艺管道。

8)塑料管:具有较强的耐腐蚀性,常用于化工和石油工程中输送腐蚀性较强介质的管道。硬聚氯乙烯塑料管常用于室内外排水管道。

22．采暖工程如何分类?

按照不同的载热体,采暖可分为:

(1)热水采暖

热水采暖是以水为"热媒"的采暖系统。热水采暖的优点是节省燃料、室内温度稳定、效果良好。热水采暖因升温和降温都比较缓慢,从而使室内温度波动较小,保持了室内温度相对均匀。热水采暖一般用于离锅炉房较近的宿舍及公用建筑中。

热水采暖按循环方式,又可分为自然循环(重力循环)和机械循环(强制循环)两种。

自然循环是水沿着管道流动,依靠热水和回水的重力差,形成压力而不断循环。

机械循环是依靠水泵的机械能,使水不断循环。

(2)蒸汽采暖

蒸汽采暖是以水蒸气为热媒的采暖系统。蒸汽采暖的特点是热惰性小,系统热得快,冷得也快,故室内温度波动较大。其次是室内较干燥,卫生效果差。蒸汽采暖一般多用于集中而短暂采暖的建筑物。如礼堂、剧场及一般生产车间等。

蒸汽采暖可分为低压蒸汽采暖(压力≤0.7MPa)和高压蒸汽采暖(压力>0.7MPa),同时在系统末端都分别装有疏水器,以便将冷凝水排出,将蒸汽阻止。

(3)辐射采暖

辐射采暖是用放热的辐射板,将辐射热直接辐射到车间的下部或操作地点,以保持操作地点具有一定的温度。该采暖方式节省燃料和钢材。

23. 采暖系统的供热方式有几种?

采暖系统的管道布置形式多种多样,一般常用的形式有:

(1)上行下给式

这种系统又称上分式供热系统。它是将热媒从室外送入建筑物的顶层,然后再由顶层分别送给各层的散热器。

(2)下行上给式

这种系统又称下分式供热系统。这种系统是热媒从室外进入建筑物底层,再由分立管送到顶层,然后再由各支管分别送给各层的散热器。

(3)中行上给下给式

这种系统又称中分式供热系统。它是将热媒送入建筑物的中层,再由中层送至顶层和底层的立、支管,然后由支管进入散热器。

(4)水平单管串联式

该系统省工省料。

24．采暖散热器的种类有哪些？有何优缺点？

散热器俗称暖气片，是安装在采暖房间内的一种放热装置。热媒通过管道输送到散热器中，由散热器将热量散发到采暖房间内，使房间内温度升高，从而达到采暖的目的。

对散热器一般要求应有足够的机械强度；能承受一定的压力；传热系数要大；耗金属要少。同时要求体积小，样式美观。

(1)铸铁散热器

1)柱型散热器

柱型散热器是用铸铁浇铸而成的，呈柱状。常见的柱型散热器有四柱型(四柱813型)和二柱型(M132型)两种。

四柱813型散热器，813指的是高度813mm，它具有四条中空的立柱，柱的上下端互相连通，每片的顶部与底部设有带丝扣的孔，供组装成组散热器用。这种散热器分带足和不带足两种，散热器组两端的片子应采用带足的，以便散热器组装后可以放置在地面上。

二柱M132型散热器，132指的是散热片的宽度。

柱型散热器的优点是：传热系数大，美观，不易积灰，易组成所需的散热面积。

缺点是：造价较高，接口多。

这类散热器在民用建筑中应用较广泛。

2)翼型散热器

翼型散热器也是用铸铁浇铸制成。它的构造特点是带有翼片，分为圆翼和长翼型两种。

圆翼型散热器是一种带有圆翼片的圆管，其内径有50mm和75mm两种规格，每根长度均为1m。它的两端带有法兰，所以圆翼型散热器之间的组对采用法兰连接。

长翼型散热器是一种在外壳上带有翼片的中空壳体，每片侧面的顶部和底部与柱型一样设有带丝扣的孔，以便组装成散热器组。

翼型散热器的优点是：散热面积大，价格低。缺点是：承压能力低，易积灰，不易组合成所需的散热面积。

圆翼型散热器多用于灰尘不多的工业建筑中，长翼型散热器常用于民用建筑中。

(2)钢制散热器

1)光管散热器

光管散热器是用钢管焊接而成。它是构造最简单的散热器。由于它是由钢管排列成散热器组，所以又称排管散热器。

光管散热器的优点是：传热系数大，不易积灰，承压能力高，便于现场制作和组合成所需的散热面积。缺点是：耗钢量大，造价高，易锈蚀，不美观。

光管散热器适用于粉尘较多的工业厂房。

2)钢管串片式散热器

钢管串片式散热器是由钢管、肋片、联箱、放气阀等组成。

钢管串片散热器的优点是：重量轻、体积小、承压能力高、制作简单。缺点是：耗费钢材多、造价高、容水量小，易积灰。它适用于承压较高的高层建筑供暖系统和高温水供暖系统。

3)板式散热器

板式散热器是用薄钢板制成。

板式散热器的优点是：承压高，重量轻，占地面积小，美观，安装方便。缺点是：对水质要求高，易锈蚀而导致渗漏。

25．电气照明施工图由哪些图构成？

电气照明施工图一般分为平面图、系统图和详图三类。

(1)平面图

电照平面图也称电气照明平面布置图，它详细地、准确地标注了该工程所有电气线路和电气设备的位置和线路的走向，并通过图例、符号将设计内容的全貌反映出来。

平面图上的主要材料明细表，也是编制预算的参考资料。

(2)系统图

系统图较完整地概括了整个供电工程的配电方式,并用简练的线条和符号表示出供电、配电设备的型号、数量和计算负荷。系统图还清楚地标注了供电线路的型号、截面面积及敷设方式。

(3)详图

详图表示了各种线路的具体敷设位置、配电箱中各种电器的配置型号及数量、进户线支架的形状和架设方式的具体做法的大样图。

26．室内电气照明安装工程由哪几部分组成？

室内电气照明安装工程,一般由进户线装置、配电箱、配管配线、灯具、插座和开关等部分组成。

(1)进户线装置

室内电源由室外低压配电线路上接线后引入室内。电源供电一般采用三相三线制、三相四线制和单相二线制等几种方式。

为了安全地将室外电源引入室内,一般都要在建筑物上设进户线装置。进户线装置包括横担(铁制或木制)、引下线(从室外电线杆引到横担的电线)、进户线防水弯头、进户线(从横担穿过防水弯头到室内总配电箱的电线)。

(2)配电箱

进户线引入室内后,要经过控制开关再分配给各种负荷。总控制开关、电度表、分控制开关和熔断器等电器组装在一起,起着配电作用的设备称为配电箱。

配电箱是控制室内电源和分配室内用电必不可少的用电设备。

一般来说,进户线首先进入的配电箱,称为总配电箱;从总配电箱引线出来,控制各分支回路的叫分配电箱。

配电箱(盘)分木制和铁制两类,还分成套型和组装型两种。

如果采用成套型配电箱,电照预算只列安装项目;若是采用组装型配电箱,还应增加配电箱制作项目和箱内各种电器的安装项目。

配电箱一般采用明装和暗装两种方式敷设。

(3) 配管配线

电路供电需要构成回路,为此,每个用电器具的配线至少由相线和零线构成闭合的回路。

各种配线根据线路用途和用电安全方面的考虑,可采用钢管、电线管、塑料管、塑料槽板等不同方式敷设。

(4) 灯具

灯具是照明的装置。目前,常用的灯具分为热辐射光源和气体放电光源两类。

热辐射光源的灯具包括白炽灯、碘钨灯等。气体放电光源的灯具,包括荧光灯、高压水银灯等。

灯具有多种安装方式,常见的有吊线式、吊链式、吸顶式、嵌入式、壁装式等。

常见的装饰灯具有:吊式艺术装饰灯具,如蜡烛灯、串珠灯等;荧光艺术装饰灯具包括组合荧光灯带、吸顶式、内藏式等;点光源艺术装饰灯具包括吸顶式、嵌入式筒灯、射灯等。

(5) 开关与插座

开关起着控制灯具和各种电器用电的断通作用。

开关一般有拉线式开关、扳式开关、按钮开关等形式。

开关的安装有明装和暗装两种。

插座是提供能随时接通用电器具电源的装置。插座的安装方式也有明装和暗装之分。

27. 电气照明工程施工图常用图例有哪些?

参见表 2-2。

电气照明工程施工图常用图例　　　　表 2-2

图例	名称	图例	名称	图例	名称
	多极开关一般符号(单线表示)		双极开关明装		三管荧光灯

续表

图例	名称	图例	名称	图例	名称
	多极开关一般符号（多线表示）		双极开关暗装		五管荧光灯
	熔断器式开关		三极开关明装		球形灯
	熔断器的一般符号		三极开关暗装		顶棚灯
	接地装置（有接地极）		单极拉线开关		花灯
	单相插座明装		双极双控拉线开关		壁灯
	单相插座暗装		多拉开关（用于不同照度等）		动力配电箱
	单相三孔插座明装		双控开关（单极三线）		照明配电箱
	单相三孔插座暗装		双控开关暗装（单极三线）		事故照明配电箱
	带接地孔三相插座明装		电度表		导线（三根）
	带接地孔三相插座暗装		电铃		屏蔽导线
	单极开关明装		灯一般符号		避雷线
	单极开关暗装		荧光灯一般符号		进户线
	向上配线		向下配线		垂直通过配线

27

28. 给排水施工图常用图例有哪些?

参见表 2-3。

给排水施工图常用图例　　　　表 2-3

图 例	名 称	图 例	名 称
——————	给 水 管	——)——	承插连接
———————	排 水 管	——⊦⊣——	法兰盘连接
⁄⁄⁄⁄⁄⁄	小便槽冲洗管	——◀——	变径大小头
⌒	洗 脸 盆	⊥	阀 门
⊠	污 水 池	⌐	水 龙 头
⌒	浴 盆	▷◁	截 止 阀
◖	蹲 便 器	▷◁	闸 阀
◗	坐 便 器	▶◁	止 回 阀
▭	小 便 槽	⌒⌒	存 水 弯
⇡⇡⇡⇡⇡	盥 洗 台	⊘⌒	地 漏
◤	水 表	⊙⌒	扫 除 口
⌒	斗式小便器	⇟⇟⇟	检 查 口
⊗	排 水 栓	⊘	透 气 帽

29．采暖施工图常用图例有哪些？

参见表 2-4。

采暖施工图常用图例　　　　表 2-4

图 例	名　称	图 例	名　称
——	供 水 管	○	供水立管
----	回 水 管	○	回水立管
⊓	方形补偿器	⊥	阀　门
⊏⊐	集 气 罐	⊏⊐	散 热 器
⊥	放 气 阀	⊘	压 力 表

30．什么是材料储备定额？

材料储备定额,是在一定的生产技术和组织管理条件下,为保证企业施工生产的正常需要而建立必要的材料储备的数量标准。

建筑材料在施工中是逐渐地被消耗并转化成工程实体的组成部分,而各种材料的供应却是间断、分批进场的。为解决这个矛盾,企业就必须建立一定的材料储备。储备过多会造成材料积压、影响企业资金的周转,过少又不能保证生产的正常进行。因此材料的储备应有个合理的界限,这个合理的储备界限就是材料的储备定额。

31．确定材料储备定额依据的原则是什么？

确定材料储备定额,要依据下列两个原则:即材料储备数量能够满足施工生产需要;储备量应该是最低限度的。

32．材料储备定额的作用是什么？

1)材料储备定额是编制材料供应计划,组织采购加工订货的重要依据。

2) 有了材料储备定额,才能掌握材料库存储备,使企业的库存材料经常保持在合理的水平。

3) 材料储备定额是企业编制资金使用计划的重要依据之一。储备定额正确合理与否直接影响到占用流动资金的大小和周转快慢,影响企业经营成果的好坏。

4) 材料储备定额是确定仓库面积、保管设备以及仓库定员的依据。

33. 材料储备定额由什么构成?

建筑企业的材料储备定额,是由经常储备和保险储备组成的,某些材料如砂、石、砖瓦等大堆材料,在某些地区因受季节性生产、运输等自然条件的影响,还需要建立季节性储备。

34. 经常储备定额是如何确定的?

经常储备定额是指在正常情况下,为保证施工生产正常进行所需要的储备量。这种储备量随着供应情况和生产变化而不断变动。

经常储备定额的计算公式如下:

材料经常储备 =（验收天数 + 整理准备天数 + 平均供应间隔天数）× 平均每日需用量

式中　验收天数——指材料到达企业后在入库前所需的检验,清点计量、分类验收等的天数;

整理准备天数——指有些材料在投入施工生产使用前进行加工、技术处理和生产平均供应间隔天数;

平均供应间隔天数——指前后两次购买材料之间相隔的天数（一般包括在途天数）,通常以算术加权平均计算:

$$平均间隔天数 = \frac{\Sigma(各批供货间隔期 \times 该批供货数量)}{计算间隔期的各批供货数量}$$

当一批材料进入企业时,此时材料储备是达到最高水平,这一点称为材料最高经常储备,是储备量的上限,一般不得超过,如有超过则将造成超储积压。随着生产的耗用,材料储备量逐渐下降,直到下一批到货入库、验收、加工整理前,此时库存最小,叫做最低经常储备,是储备量的下限。此时如不及时到货,将产生动用保险储备或停工待料的可能。建筑企业的日常材料经常储备,只能在最高储备和最低储备之间进行。

35. 保险储备定额是如何确定的?

保险储备定额,是指企业的材料有时会遇到意外的事故时的储备。如交通脱期,到货质量不符合要求退货等造成的材料供应脱节。为了保证施工的顺利进行,就需要在经常储备之外,对一些关键性的材料建立一部分保险储备。保险储备在一般情况下是不动用的。保险储备时间的计算,通常按历史统计资料确定,即从某次中断开始,到以最快速度重新取得可投入施工生产需要的时间为止。

计算公式如下:

保险储备 = 材料平均日耗量 × 保险天数

36. 材料储备定额是如何确定的?

材料储备定额 = 材料平均经常储备量 + 材料保险储备

由于企业库存材料的领用,通常是根据工程施工进度的每日耗用量成有规律递减。确定材料经常储备定额时,不必按到货期的最高储备计算,通常按库存材料的最大值和最小值平均计算,或以(期初 + 期末) ÷ 2 计算。

37. 材料季节性储备定额是如何确定的?

季节性材料储备定额 = 季节性材料储备天数 ×
平均每日消耗量

季节性储备定额是指:某些材料的资源因受季节性生产,供应的限制而建立的一种储备。如某些砂、石、材料因受洪、冻季节的影响,需要提前备料等,这种临时增加的储备,只限于某些特定材料,一般材料不做季节储备。

38. 材料的 A、B、C 管理法是什么?

A、B、C 管理法是对企业使用的各种材料,按其单价高低、用量大小、重要程度和采购难易,分为 A、B、C 三类,实行分类管理的一种科学方法。对于占用储备资金较多、采购较难、重要性大的 A 类物资,在订货批量和库存储备方面实行重点控制;资金占用少,采购容易,比较次要的 C 类物资,采用较为简便的方法加以控制;处于中间状态的 B 类物资,则实行一般控制。

39. 什么是材料的消耗定额?

材料消耗定额是指在一定的生产技术组织条件下,完成单位产品或某项工程所必须消耗的材料数量。所谓一定的生产技术组织条件,就是指先进合理的生产技术组织条件,即在既定的工程对象和结构性质情况下,采用先进合理的施工工艺方法和平均先进的工人操作技术水平以及先进合理的组织管理水平,所消耗的材料数量。

40. 材料消耗定额的作用是什么?

1)材料消耗定额是编制材料计划,确定材料供应量的依据。企业材料供应部门有计划地对材料进行分配和供应,必须正确编制材料供应计划,科学的材料计划必须以合理的材料消耗定额为依据。

2)材料消耗是加强经济核算、考核经济效果的重要手段。材料消耗定额是衡量材料节约或浪费的一个重要标志。有了材料消耗定额,就从制度上规定了材料耗用的标准,以便对施工生产过程耗用材料进行有效控制。材料消耗定额又是核算工程成本和企业实行岗位责任制重要标准和依据。

3)认真执行材料消耗定额是增产节约的重要措施。贯彻执行材料消耗定额,能鼓励施工队节约使用材料,降低材料消耗。材料消耗定额,也是开展竞赛评比条件的标准。

41. 材料消耗定额分哪两类？各自作用是什么？

建筑工程中使用的材料消耗定额有预算定额、施工定额两类。

(1)材料消耗预算定额

是建筑工程预算定额的组成部分,系按单位分部分项工程来计算和确定的。它的项目比概算定额细,是用来编制工程预算、施工计划、材料需用、申请和供应计划的依据,是办理材料结算的依据。是建筑企业材料管理中使用的主要定额。

(2)材料消耗施工定额

材料消耗施工定额是建筑工程施工定额的组成部分,其内容与预算定额相同,但更为细致和具体。施工定额是用来编制作业计划,下达任务书、工料预算、限额领料,考核工料消耗的依据。

42. 材料消耗由哪三部分构成？

建筑工程的材料消耗由以下三部分组成。

第一、直接构成工程实体的材料消耗。

第二、工艺性消耗。由两个因素构成:一是在材料加工准备过程中产生的损耗。如端头短料、边角余料等。二是在施工过程中产生的损耗。如砌墙、抹灰时的掉灰等。工艺损耗的特点是:这类损耗是不可避免的,但随着技术的进步和工艺的改善,能够减少到最低限度。

第三、非工艺性损耗。这是由于废品、次品、不合格品产生的消耗;运输保管不善而带来的损耗;供应条件不符合要求而造成的损耗。如以大代小,优材劣用等其他原因造成的损耗。非工艺性损耗的特点是:这种损耗是很难完全避免的,有的还不是建筑企业本身原因造成的。因此,也不能不予考虑。

上述材料消耗中,第一、二部分即构成材料的工艺损耗定额。施工定额就属于这一类。再加非工艺性损耗,即构成材料综合消耗定额,这种定额又叫材料供应定额。预算定额就属于这一类,见

图 2-1。

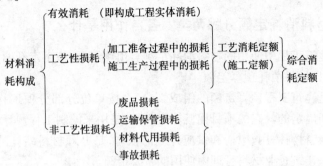

图 2-1 材料消耗预算定额构成

在实际工作中,非工艺性损耗,系按工艺消耗定额的比例确定的,一般以材料供应系数表示,即:

非工艺性损耗=工艺消耗定额×材料供应系数

材料供应定额=工艺消耗定额(1+材料供应系数)

从以上分析可以看出,企业要降低材料消耗,就要在降低工艺性损耗和非工艺性损耗上下功夫。

43．材料的计划管理是什么？

材料计划管理是运用计划来组织、指导、监督、调节材料的采购、供应、储备、使用经济活动的一种管理制度。

44．材料计划管理按用途可分为哪几种？

按照材料计划的用途分,包括材料需用计划、申请计划、供应计划、加工订货计划和采购计划。

(1)材料需用计划

一般由最终使用材料的施工项目编制,是材料计划中最基本的计划,是编制其他计划的基本依据。材料需用计划应根据不同的使用方向,分单位工程,结合材料消耗施工定额,逐项计算需用材料的品种、规格、质量、数量,最终汇总而成的实际需用数量。

(2)材料申请计划

是根据需用计划,经过项目或部门内部平衡后,分别向有关供应部门提出的材料申请计划。

(3)材料供应计划

是负责材料供应的部门,为完成材料供应任务,组织供需衔接的实施计划。除包括供应材料的品种、规格、质量、数量、使用项目以外,还应包括供应时间。

(4)材料加工订货计划

是项目或供应部门为获得材料或产品资源而编制的计划。计划中应包括所需材料或产品的名称、规格、型号、质量及技术要求和交货时间等,其中若属非定型产品,应附有加工图纸,技术资料或提供样品。

(5)材料采购计划

是企业为了向各种材料市场采购材料而编制的计划。计划中应包括材料品种、规格、数量、质量、预计采购厂商名称及需用资金。

45. 材料计划按日期分为哪几种?

按照计划的期限划分,包括年度计划、季度计划、月计划、一次性用料计划及临时追加计划。

(1)年度计划

指建筑企业为保证全年施工生产任务所需用的主要材料计划。它是企业向国家或地方计划物资部门、经营单位,申请分配、组织订货、安排采购和储备提出的计划,也是指导全年材料供应与规划管理活动的重要依据。因此,年度材料计划,必须与年度施工生产任务密切结合,计划质量(指反映施工、生产任务落实的准确程度)的好与坏,对全年施工、生产的各项指标能否保证实现,有着密切关系。

(2)季度计划

根据企业施工任务的落实和安排的实际情况编制季度计划,

以调整年度计划,具体组织订货、采购、供应。落实各项材料资源,为本季施工生产任务提供保证。但季度计划材料品种、数量一般须与年度计划结合,有增或减,则要采取有效的措施,争取资源平衡或报请上级和主管部门调整计划。如果采取季度分月编制的方法,则需要具备可靠的依据。这种方法简化了月度计划。

(3)月度用料计划

它是基层单位,根据当月施工生产进度安排编制的需用材料计划。它比年度、季度计划更细致,要求内容更全面、及时和准确。以单位工程为对象,按形象进度实物工程量逐项分析计算汇总。使用项目、材料、名称、规格、型号、质量、数量等,是供应部门组织配套供料、安排运输、基层安排收料的具体行动计划。它是材料供应与管理活动的重要环节,对完成月度施工、生产任务,有更直接的影响。凡列入月度计划的施工项目需用材料,都要进行逐项落实,如个别品种、规格有缺口,要采取紧急措施,如借、调、改、代、加工、利库等办法,进行平衡,保证按计划供应。

(4)一次性用料计划

也叫单位工程材料计划。是根据经济承包合同或协议书,按规定时间要求完成的施工生产计划或单位工程施工任务而编制的需用材料计划,它的用料时间,与季、月计划不一定吻合,但在月度计划内要列为重点,专项平衡安排。因此,这部分材料需用计划,要提前编制交供应部门,并对需用材料的品种、规格、型号、颜色、时间等,都要详细说明。供应部门应保证供应。内包工程也可采取签定供需合同办法。

(5)临时追加材料计划

由于设计修改或任务调整;原计划品种、规格、数量的错漏;施工中采取临时技术措施;机械设备发生故障需及时修复等原因,需要采取临时措施解决的材料计划,叫临时追加用料计划。列入临时计划的一般是急用材料,要作为重点供应。如费用超支和材料超用,应查明原因,分清责任,办理签证,由责任的一方承担经济责任。

46. 材料计划的编制原则是什么？

(1) 综合平衡的原则

编制材料计划必须坚持综合平衡的原则。综合平衡是计划管理工作的一个重要内容，包括产需平衡，供求平衡，各供应渠道间平衡，各施工单位间的平衡等。坚持积极平衡，计划留有余地，做好控制协调工作，促使材料合理作用。

(2) 实事求是的原则

编制材料计划必须坚持实事求是的原则，材料计划的科学性就在于实事求是，深入调查研究，掌握正确数据，使材料计划可靠合理。

(3) 留有余地的原则

编制材料计划要瞻前顾后，留有余地，不能头戴三尺帽，扩大需用量，形成材料积压；材料计划不能留有缺口，避免供应脱节，影响生产。只有供需平衡，略有余地，才能确保供应。

(4) 严肃性和灵活性统一的原则

材料计划对供需二方面，都有严格的约束作用，必须具有一定的严肃性，同时建筑施工受着多种主客观因素的制约，出现变化情况，也是在所难免的，所以在执行材料计划中既要讲严肃性，又要适当重视灵活性，只有严肃和灵活的统一，才能保证材料计划的实现。

47. 材料计划的编制程序是什么？

(1) 计算需用量

1) 计算计划期内工程材料需用量 一般均由基层施工用料单位提出，但由于年度计划下达较迟，基层单位任务尚不明确，因此往往由建筑企业材料部门负责计算，具体计算方法有下列三种：

第一，单位工程材料分析表，又称单位工程材料预算，属施工组织设计的一部分，根据预算工程量及概算定额，全面计算一个单位工程的全部材料，是材料计划中一项最基本的计划，是编制各类材料计划的原始依据,是单位工程核算以及竣工决算对比的标准数量。由于单位工程材料分析要求在开工前编好,施工过程中的变更经常发生,尚须随时按规定进行调整,务必使材料分析符合实际。

第二,施工作业计划材料分析,常用于月度和季度材料计划,根据施工作业计划的计划工程量,套用概算定额,计算材料需用量。在进行施工作业计划材料分析时,要注意和上期作业的衔接,即上期计划工程量超额完成,还是脱额完成,防止列入上月的计划的项目没有完成,而在编制本月计划时,又没有列入计划,而造成计划缺项,影响材料供应,同样也要防止计划工程项目重复而二次供料。总之,上下期的计划衔接是十分复杂的,有的上期计划项目施工没有供料,而另一些计划项目虽然没有施工,却已供过料,所以深入调查,摸清情况就十分重要。

第三,代算指标计算材料需用量,一般运用于年度计划,根据已确定的施工任务,套用平方米概算定额和万元工作量概算定额,计算材料需用量,如果没有适当的代算指标,也可根据本单位的历史统计资料,测定材料代算指标。

2)计算周转材料需用量　周转材料的特点在于周转,根据计划期内的材料分析确定的周转材料总需用量,然后结合工程特点,确定一个计划期内周转次数,再算出周转材料的实际需用量。

3)施工设备和机械制造的材料需用量计算,建筑企业自制施工设备,一般没有健全的定额消耗管理制度,而且产品也是非定型的多,所以可按各项具体产品,采用直接计算法,计算材料需用量。

4)辅助材料及生产维修用料的需用量计算,这部分材料数量较小,有关统计和材料定额资料也不齐全,其需用量可采用间接计算法计算。

$$需用量 = \frac{报告期实际消耗量}{报告期实际完成工程量} \times 本期计划工程量 \times 增减系数$$

(2)确定实际需用量

根据各工程项目计算的需用量,进一步核算各个项目的实际需用量,核算的依据有以下几个方面:

1)对于一些通用性材料,在工程进行初期阶段,考虑到可能出现的施工进度超额因素,一般都略加大储备,因此其实际需用量就略大于计划需用量。

2)在工程竣工阶段,因考虑到工完料清场地净,防止工程竣工材料积压,一般是利用库存控制进料,这样实际需用量要略小于计划需用量。

3)对于一些特殊材料,为了工程质量要求,往往是要求一批进料,所以计划需用量虽只是一部分,但在申请采购中往往是一次购进,这样实际需用量就要大大增加。

实际需用量的计算公式如下:

实际需用量=计划需用量+计划储备量-期初库存量

(3)按不同渠道分类申请

市场开放的经济政策,改变了长期实行统一计划体制的业务程序,不再按行政隶属关系逐级汇总,向上级申请调拨,而是根据工程项目的投资性质和供应渠道,分别按指令性计划渠道、市场采购渠道、建设单位渠道等进行汇总,并分类提出申请计划。

(4)编制供应计划

供应计划是材料计划的实施计划。材料供应部门根据用料单位提报的申请计划及各种资源渠道的到货情况、储备情况,进行总需用量与总供应量的平衡,并在此基础上编制对各用料单位或项目的供应计划,并明确供应措施,如利用库存、市场采购、加工订货等。

(5)编制供应措施计划

在供应计划中所明确的供应措施,必须有相应的实施计划。如市场采购,须相应编制采购计划;加工订货,须有加工订货合同及进货安排计划,以确保供应工作的完成。

48. 单位工程材料分析表是什么?

单位工程材料分析表属施工组织设计的一部分,根据预算工程量及概算定额,全面计算一个单位工程的全部材料,是材料计划中一项最基本的计划,是编制各类材料计划的原始依据,是单位工程核算以及竣工决算对比的标准数量。由于单位工程材料分析要求在开工前编好,施工过程中的变更经常发生,尚须随时按规定进行调整,务必使材料分析符合实际。

49. 如何确定材料实际需用量?

根据各工程项目计算的需用量,进一步核对各个项目的实际需用量,核对的依据有以下几个方面:

(1)对于一些通用性材料,在工程进行初期阶段,考虑到可能出现的施工进度超额因素,一般都略加大储备,因此实际需用量就略大于计划需用量。

(2)在工程竣工阶段,因考虑到工完料清场地净,防止工程竣工材料积压,一般是利用库存控制进料,这样实际需用量要略小于计划需用量。

(3)对于一些特殊材料,为了工程质量要求,往往是要求一批进料,所以计划需用量虽只是一部分,但在申请采购中往往是一次购进,这样实际需用量就要大大增加。

实际需用量的计算公式如下:

实际需用量 = 计划需用量 + 计划储备量 - 期初库存量

50. 材料计划的编制方法是什么?

(1)编制程序

第一步,材料部门应与生产、技术部门积极配合,掌握施工工艺,了解施工技术组织方案,仔细阅读施工图纸;第二步,根据生产作业计划下达的工作量,结合图纸施工方案,计算施工实物工程量;第三步,查材料消耗定额,计算完成生产任务所需材料品种、规格、数量、质量,完成材料分析;第四步,汇总各操作项目材料分析中材料需用量,编制材料需用计划;第五步,结合项目库存量,计划周转储备量,提出项目用料申请计划,报材料供应部门。

(2)计算材料需用量的方法

1)直接计算法。当施工图纸已到达时,做材料分析就应根据施工图纸计算分部分项工程实物工程量,并结合施工方案及措施,套用相应定额,填制材料分析表。在进行各分项工程材料分析后经过汇总,便可以得到单位工程材料需用数量,当编制月、季材料需用计划时,再按施工部位要求及形象进度分别切割编制。这种直接套用相应项目材料消耗定额计算材料需用量的方法,叫直接计算法。其一般计算公式如下:

某种材料计划需用量=建筑安装实物工程量×某种材料消耗定额

上式中建筑安装实物工程量是通过图纸计算得到的;式中材料消耗定额,根据所编制的材料分析用途不同,分为材料消耗施工定额和概算定额。

使用施工定额进行材料分析,根据施工方案,技术节约措施,实际配合比编制的预算叫施工预算,是企业内部编制施工作业计划,向工程项目实行限额领料的依据,是企业项目核算的基础。使用概算定额作材料分析,编制的预算叫施工图预算或设计预算,是企业或工程项目要向建设项目投资者结算,向上级主管部门申报材料指标、考核工程成本、确定工程造价的依据。将上述两种预算编制的工程费用和材料实物量进行对此,叫作两算对比。两算对比,是材料管理的基础手段。进行两算对比可以做到先算后干,对材料消耗心中有数;可以核对预算中可能出现的疏漏和差错。对施工预算中超过设计预算的项目,应及时查找原因,采取措施。由于施工预算编制较细,又有比较切实合理的施工方案和技术节约措施,一般应低于施工图预算。

2)间接计算法。当工程任务已基本落实,但在设计图纸未出、技术资料不全等情况下,需要编制材料需用计划时,可根据投资、工程造价和建筑面积框算主要材料需用量,做好备料工作,这种间接使用经验估算指标预计材料需用量的方法,叫间接计算法。以此编制的材料需用计划可作为备料依据。一旦图纸齐备,施工方案及技术措施落实后,应用直接计算法核实,并对用间接计算法得到的材料需用量进行调整。

间接计算法需根据不同的已知条件采取下面两种方法。

第一,已知工程结构类型及建设面积框算主要材料需用量时,应选用同类结构类型建筑面积平方米消耗定额进行计算,其计算公式如下:

$$\frac{某种材料}{计划需用量} = \frac{某类工程}{建筑面积} \times \frac{该类工程每 1m^2 建筑面积}{某种材料消耗定额} \times 调整系数$$

这种计算方法因为考虑了不同结构类型工程材料消耗的特点,因此计算比较准确。但是当设计所选用材料的品种出现差别时,应根据不同材料消耗特点进行调整。

第二,当工程任务不具体,没有施工计划和图纸而只有计划总投资或工程造价,可以使用每万元建安工作量某种材料消耗定额来测算,其计算公式为:

$$\frac{某种材料}{计划需用量} = \frac{工程项目总投资}{(造价)} \times \frac{每万元工程量}{某种材料消耗定额} \times 调整系数$$

这种计算方法综合了不同结构类型工程材料消耗水平,能综合体现企业生产的材料耗用水平。但由于只考虑了投资和报价,而未考虑不同结构类型工程之间材料消耗的区别,而且当价格浮动较大时,易出现偏差,应将这些影响因素折成系数,予以调整。

51. 材料需用量的直接计算法是什么?

当施工图纸已到达时,做材料分析就应根据施工图纸计算分部分项工程实物工程量,并结合施工方案及措施,套用相应定额,填制材料分析表。在进行各分项工程材料分析后经过汇总,便可以得到单位工程材料需用数量,当编制月、季材料需用计划时,再按施工部位要求及形象进度分别切割编制。这种直接套用相应项目材料消耗定额计算材料需用量的方法,叫直接计算法。其一般计算公式如下

$$\frac{某种材料}{计划需用量} = \frac{建筑安装}{实物工程量} \times \frac{某种材料}{消耗定额}$$

52. 材料需用量的间接计算法是什么?

当工程任务已基本落实,但在设计图纸未出、技术资料不全等

情况下,需要编制材料需用计划时,可根据投资、工程造价和建筑面积框算主要材料需用量,做好备料工作,这种间接使用经验估算指标预计材料需用量的方法,叫间接计算法。以此编制的材料需用计划可作为备料依据。一旦图纸齐备,施工方案及技术措施落实后,应用直接计算法。

53．什么叫材料供应计划的四要素？

(1)材料申请量

了解编制计划所需的技术资料是否齐全;定额采用是否合理;材料申请是否合乎实际,有无粗估冒算,计算差错;材料需用时间、到货时间与生产进度安排是否吻合;品种规格能否配套。

(2)期初预计库存量

由于计划编制均提前,从编制计划时间到计划期初的这段预计期内,材料仍然不断收入和发出,因此预计计划期初库存十分重要。一般计算方法是:

$$\text{期初预计库存量} = \text{编制计划时的实际库存} + \text{预计计划收入量} - \text{预计计划发出量}$$

计划期初库存量预计是否正确,对平衡计算供应量和计划期内的供应效果有一定影响,预计不准确,少了,将造成数量不足,供需脱节而影响施工。反之,数量多了,会造成超储而积压资金。所以正确预计期初库存数,必须对现场库存实际资源、订货、调剂拨入、采购收入、在途材料、待验收以及施工进度预计消耗、调剂拨出等数据,都要认真核实。

(3)期末库存量

也叫周转储备量。合理地确定材料周转储备量,指计划期末的材料周转储备,即为下一期初考虑的材料储备。要根据供求情况的变化,合理计算间隔天数、市场信息等,以求得合理的储备量。

(4)确定材料供应量

材料供应量＝材料申请量－期初预计库存量＋期末库存量

上述四个数量也称为编制供应计划的四要素。

54. 材料计划实施中应做好哪些管理工作？

(1)组织材料计划的实施

材料计划工作是以材料需用计划为基础,因此材料管理的首要任务是满足施工生产需要,材料需用计划确定了计划期的需用量,其他各个环节就可围绕这个需用总目标,拟订本部门的任务和措施,如采购部门确定采购量,供应部门确定供应量,运输部门可确定运输总量,仓储部门可确定资金使用量等,然后通过材料流转计划,把这许多有关部门联系成一个整体。所以材料流转计划是企业材料经济活动的主导计划,可使企业材料系统的各部门,不仅了解本系统的总目标和本部门的具体任务,而且了解各部门在完成任务中的相互关系,组织各部门从满足施工需要总体要求出发,采取有效措施,保证各自任务的完成,从而保证了材料计划的实施。

(2)协调材料计划实施中出现的问题

材料计划在实施中常会受到内部或外部的各种因素的干扰,影响材料计划的实现,一般有以下几种因素：

1)施工任务的改变。在计划实施中施工任务改变,临时增加任务或临时消减任务。任务改变的原因一般是由于国家基建投资计划的改变、建设单位计划的改变、或施工力量的调整等,因而材料计划亦应作相应调整,否则就要影响材料计划的实现。

2)设计变更。在工程筹措阶段或施工过程中,往往会遇到设计变更,会影响材料的需用数量和品种规格,必须及时采取措施,进行协调,尽可能减少影响,以保证材料计划执行。

3)到货合同或生产厂的生产情况发生了变化,因而影响材料的及时供应。

4)施工进度计划的提前或推迟,也会影响到材料计划的正确执行。

在材料计划发生变化的情况下,要加强材料计划的协调作用,做好以下几项工作：

①挖掘内部潜力,利用储备库存以解决临时供应不及时的矛盾;

②利用市场调节的有利因素,及时向市场采购;

③同供料单位协商临时增加或减少供应量;

④和有关单位相互进行余缺调剂;

⑤在企业内部中和有关部门进行协商,对施工生产计划和材料计划进行必要的修改。

为了做好协调工作,必须掌握动态,了解材料系统各个环节的工作进程,一般通过统计检查,实地调查,信息交流等方法,检查各有关部门对材料计划的执行情况,及时进行协调,以保证材料计划的实现。

(3)建立计划分析和检查制度

为了及时发现计划执行中的问题,保证计划的全面完成,建筑企业应从上到下按照计划的分级管理职责,在检查反馈信息的基础上进行计划的检查与分析。

一般应建立以下几种计划检查与分析制度。

1)现场检查制度 是指基层领导人员应经常深入施工现场,随时掌握生产进行过程中的实际情况,了解工程形象进度是否正常,资源供应是否协调,各专业队组是否达到劳动定额及完成任务的好坏,做到及早发现问题,及时加以处理解决,并按实向上一级反映情况。

2)定期检查制度 是指建筑企业各级组织机构应有定期的生产会议制度,检查与分析计划的完成情况。一般公司级生产会议每月 2 次,工程处一级每周 1 次,施工队则每日应有生产碰头会。通过这些会议检查分析工程形象进度、资源供应、各专业队组完成定额的情况等,做到统一思想、统一认识、统一目标,及时解决各种问题。

3)统计检查制度 统计是检查企业计划完成情况的有力工具,是企业经营活动的各个方面在时间和数量方面的计算和反映。它为各级计划管理部门了解情况、决策、指导工作、制订和检查计划提供可靠的数据和情况。通过统计报表和文字分析,及时准确地反映计划完成的程度和计划执行中的问题,作为反映基层施工中的薄弱环节,揭露矛盾,研究措施,监督计划和分析施工动态的依据。

(4)计划的变更和修订

实践证明,材料计划的变更是常见的、正常的。材料计划的多变,是由它本身的性质所决定的。计划总是人们在认识客观世界的基础上制定出来的,它受人们的认识能力和客观条件所制约,所编制出的计划质量就会有差异,计划与实际脱节往往不可能完全避免,一经发现,就应调整原计划。同时,有些问题,如自然灾害、战争等突然事件,一般不易被认识,一旦发生,会引起材料资源和需求的重大变化。再者,材料计划涉及面广,与各部门,各地区,各企业都有关系,一方有变,牵动他方,也使材料资源和需要发生变化。这些客观条件的变化必然引起原计划的变更。为了使计划更加符合实际,加强计划的严肃性,就需要对计划及时地调整和修订。

当然,材料计划的变更及修订,除了上述基本原因以外,还有一些具体原因。一般地讲,出现了下述情况,也需要对材料计划进行调整和修订。如:

1)任务量变化　任务量是确定材料需用的主要依据之一,任务量的增加或减少,都将相应地引起材料需要的追加和减少,在编制材料计划时,不可能将计划任务变动的各种因素都考虑在内,只有待问题出现后,通过调整原计划来解决。

2)设计变更　这里分三种情况:

A. 在项目施工过程中,由于技术革新,增加了新的材料品种,原计划需要的材料出现多余,就要减少需要;或者根据用户的意见对原设计方案进行修订,则需材料品种和数量都将发生变化。

B. 在基本建设中,由于编制材料计划时,图纸和技术资料尚不齐全,原计划实属框算需要,待图纸和资料到齐后,材料实际需要常与原框算情况有所出入。这时也需要调整材料计划。同时,由于现场地质条件及施工中可能出现的变化因素,需要改变结构,改变设备型号材料计划调整不可避免。

C. 在工具和设备修理中,编制计划时很难预计修理需要的材料,实际修理需用的材料与原计划中申请材料常常有所出入,调整材料计划完全有必要。

3) 工艺变动 设计变更必然引起工艺变更,当然需要的材料就不一样。设计未变,但工艺变了,加工方法、操作方法变了,材料消耗可能与原来不一样,材料计划也要作相应调整。

4) 其他原因 如计划期初预计库存不正确,材料消耗定额变了,计划有误等,都可能引起材料计划的变更,需要对原计划进行调整和修订。

根据我国多年的实践,材料计划变更主要是由生产建设任务的变更所引起的。其他变更对材料计划当然也发生一定影响,但变更的数量远比生产和基建计划变更为少。

由于上述种种原因,必须对材料计划进行合理的修订及调整。如不及时进行修订,将使企业遇到停工待料的危险,或使企业材料大量闲置积压。这不仅会使生产建设受到影响,而且也直接影响企业的财务状况。因此,必须区分不同情况,及时调整和修订材料计划。

材料计划的变更及修订主要有如下三种方法:

第一,全面调整或修订。这主要是指材料资源和需要发生了大的变化时的调整,如前述的自然灾害,战争或经济调整等,都可能使资源与需要发生重大变化,这时需要全面调整计划。

第二,专案调整或修订。这主要是指由于某项任务的突然增减;或由于某种原因,工程提前或延后施工;或生产建设中出现突然情况等,使局部资源和需要发生了较大变化,为了保证生产建设不断地进行,需要作专案调整或修订。这种调整属于局部性的,一般用待分配材料安排或当年储备解决,必要时通过调整供销计划解决。

第三,经常调整或修订。如生产和施工过程中,临时发生变化,就必须临时调整,这种调整也属于局部性调整,主要是通过调整材料供销计划来解决。

为了把材料计划的调整及修订工作做好,在材料计划的调整及修订中应注意下列问题:

第一,维护计划的严肃性,实事求是地调整计划。

在执行材料计划的过程中,根据实际情况的不断变化,对计划作相应的调整或修订是完全必要的。但是要注意一种倾向,就是轻易地变更计划,无视计划的严肃性,认为有无计划都得保证供应,甚至违反计划、用计划内材料搞计划外项目,也通过变更计划来满足。这是不能允许的。当然,也不能把计划看作是一成不变的,在任何情况下都机械地强调维持原来的计划。这也是不对的。明明计划已不符合客观实际的需要,仍不去调整、修订、解决,这也和事物的发展规律相违背。正确的态度和做法是,应该在维护计划严肃性的同时,坚持计划的原则性和灵活性的统一,实事求是地调整和修订计划,使计划起到指导人们实践的作用。

第二,权衡利弊,尽可能把调整计划压缩到最小限度。

调整计划虽然是完全必要的,但许多时候调整计划总要或多或少地造成一些损失。所以在调整计划时,一定要权衡利弊,把调整的范围压缩到最小限度,使损失尽可能地减少。为此调整计划,必须经过批准,与制定计划一样,调整计划也必须承担经济责任。

第三,及时掌握情况,归纳起来有以下三个主要方面:

①要做好材料计划的调整或修订工作,材料部门必须主动和各方面加强联系,掌握计划任务安排和落实情况。如了解生产建筑任务和基本建设项目的安排与进度;了解主要设备和关键材料的准备情况;对一般材料也应按需要逐项检查落实,如果发现偏差,迅速反馈,采取措施,加以调整。

②掌握材料的消耗情况,找出材料消耗定额升降的原因,加强定额管理,控制发料,防止超定额用料而调整申请量。

③掌握资源的供应情况。不仅要掌握库存和在途材料的动态,还要掌握供方情况,如能否按时交货等。

掌握上述三方面的情况,实际就是要做到需用清楚,消耗清楚和资源清楚,以利于材料计划的调整和修订。

第四,应妥善处理、解决调整和修订材料计划中的相关问题。

材料计划的调整或修订,追加或减少的材料,一般应以内部平衡调剂为原则,减少部分或追加部分内部处理不了或不能解决,应报上级主管材料分配的部门处理。这里要特别注意的是,要防止在调整计划中拆东墙补西墙,冲击原计划,没有特殊原因,追加材料应通过机动资源和增产解决。

(5)考评执行材料计划的经济效果

材料计划的执行效果,应该有一个科学的考评方法,以推动材料计划的实现,在考评中的一个重要内容就是建立材料计划指标体系,可包括几项指标:①采购量及到货率;②供应量及配套率;③自有运输设备的运输量;④占用流动资金及资金周转次数;⑤材料成本的降低率;⑥三大材料的节约率和节约额。

通过指标考评,以激励各部门实施材料计划。

三、材料管理

1. 建筑企业材料管理指什么？

建筑企业材料管理，指建筑企业对施工生产过程中所需各种材料的采购、储备、保管、使用等工作的总称。材料管理可分为流通过程的管理和生产过程的管理两个阶段。流通过程的管理，指材料进入企业之前的管理工作，包括计划、购买、运输、仓储等；生产过程的管理，指材料进入企业后，消耗过程的管理工作，包括保管、发放、使用、退料、回收报废等。

2. 按基本成分可把材料划分为哪几种？

表 3-1

1. 金属材料	黑色金属 有色金属	铁、碳素钢、合金钢、铝、锌、铜等及其合金
2. 非金属材料	无机材料	天然石材：砂子、石子、各种岩石加工的石材 烧土制品：粘土砖、瓦、陶瓷 胶凝材料：石灰、石膏、菱苦土、水玻璃、水泥 以胶凝材料为基料的人造石材：混凝土、水泥制品、硅酸盐制品 玻璃：平板玻璃、安全玻璃、装饰玻璃、玻璃制品
	有机材料	植物质材料：木材、竹材、植物纤维及其制品 沥青材料：石油沥青、煤沥青、沥青制品 高分子材料：塑料、涂料、胶粘剂
3. 复合材料	无机—有机材料 非金属—金属材料 其他复合材料	玻璃纤维增强塑料、聚合物混凝土、沥青混凝土 钢筋混凝土、钢丝网水泥、塑铝复合板、铝箔面油毡 水泥石棉制品、不锈钢包覆钢板

3．按材料在施工中起的作用划分为哪几种？

(1)主要材料

主要材料是指直接用于工程(产品)上,构成工程(产品)实体的各种材料。如砂、石、水泥、钢材、木材等。

(2)结构构件

结构构件是指经过安装后能构成工程实体的各种加工件。如钢构件、钢筋混凝土构件、木构件等。结构构件由建筑材料加工而成。

(3)机械配件

机械配件是指维修机械设备所需的各种零件和配件,如曲轴、活塞、轴承等。

(4)周转材料

周转材料是指在施工生产中能多次反复使用,而又基本保持原有形态并逐渐转移其价值的材料。如脚手架、模板、枕木等。

(5)低值易耗品

低值易耗品是指使用期较短或价值较低,不够固定资产标准的各种物品。如用具、工具、劳保用品、玻璃器皿等。

(6)其他材料

其他材料是指不构成工程(产品)实体,但有助于工程(产品)形成,或便于施工生产进行的各种材料。如燃料、油料等。

4．什么叫限额领料？

限额领料是指施工队组在施工时必须将材料的消耗量控制在该操作项目消耗定额之内。

5．限额领料的形式有哪几种？

(1)按分项工程实行限额领料

按分项工程实行限额领料,就是按不同工种所担负的分项工程进行限额。例如按砌墙、抹灰、支模、混凝土、油漆等工种,以班组为对象实行限额领料。

以班组为对象,管理范围小,容易控制,便于管理,特别是对班组专用材料,见效快。但是,这种方式容易使各工种班组从自身利益出发,较少考虑工种之间的衔接和配合,易出现某分项工程节约,另分项工程节约较少甚至超耗。例如砌墙班为节约砂浆,将砌缝留深,必然使抹灰班增加抹灰的砂浆消耗量。

(2)按工程部位实行限额领料

按工程部位实行限额领料,就是按照基础、结构、装修等施工阶段,以混合队为对象进行限额。实质上是扩大了的分项工程限额领料。

它的优点是,以混合队为对象增强了整体观念,有利于工种的配合和工序衔接,有利于调动各方面积极性;但这种做法往往重视容易节约的结构部位,而对容易发生超耗的装修部位往往难以实施限额或影响限额效果。同时,由于以混合队为对象,增加了限额领料的品种、规格、混合队内部如何进行控制和衔接,都要求有良好的管理措施和手段。

(3)按单位工程实行限额领料

按单位工程实行限额领料是指一个工程从开工到竣工,包括基础、结构、装修等全部工程项目的用料实行限额,是在部位限额领料上的进一步扩大。适用于工期不太长的工程。这种做法的优点是:可以提高项目独立核算能力,有利于产品最终效果的实现。同时各项费用捆在一起,从整体利益出发,有利于工程统筹安排,对缩短工期有明显效果。但这种作法的缺点是对于工程面大、工期长、变化多、技术较复杂的工程,容易放松现场管理,造成混乱,因此必须加强混合队的组织领导,提高混合队的管理水平。

6. 限额数量的确定依据是什么?

(1)正确的工程量是计算材料限额的基础。工程量是按工程施工图纸计算的,在正常情况下是一个确定的数量,但在实际施工中常有变更情况,例如设计变更,由于某种需要,修改工程原设计,工程量也就发生变更。又如施工中没有严格按图纸施工或违反操作规范引起工程量变化,如基础挖深挖大,混凝土量增加;墙体工程垂直度、平整度不符合标准,造成抹灰加厚等。因此,正确的工程量要重视工程量的变更,同时还要注意完成工程量的验收,以求得正确完成工程量,作为最后考核消耗的依据。

(2)定额的正确选用是计算材料限额的标准。选用定额时,先根据施工项目找出定额中相应的分章工种,根据分章工种查找分章。

(3)凡实行技术措施的项目,一律采用节约措施新规定的单方用料量。

7．实行限额领料应具备的技术条件有哪些?

(1)设计概算

这是由设计单位根据初步设计图纸、估算指标及基建主管部门颁发的有关取费规定编制的工程费用文件。

(2)设计预算(施工图预算)

它是根据施工图设计要求计算的工程量、施工组织设计、现行工程内部定额及基建主管部门规定的有关取费标准进行计算和编制的单位或单项工程建设费用文件。

(3)施工组织设计

它是组织施工的总则,协调人力、物力、妥善搭配、根据施工的组织设计,划分流水段,搭接工序、操作工艺以及现场平面布置图和节约措施用以组织管理。

(4)施工预算

是根据施工图计算的分项工程量及用施工定额计算来反映为完成一个单位工程所需费用的经济文件,主要包括三项内容。

工程量:按施工图和施工定额的口径规定计算的分项、分层、分段工程量。

人工数量:根据分项、分层、分段工程量及时间定额,计算出用工量,最后计算出单位工程的总用工数和人工数。

材料限额耗用数量：根据分项、分层、分段工程量及施工定额中的材料消耗数量，计算出分项、分层、分段的材料需用量，然后汇总成为单位工程材料用量，并计算出单位工程材料费。

(5)班组任务书

又称为班组作业计划。

(6)技术节约措施

企业内部定额和材料消耗标准，是在一般的施工方法，技术条件下确定的，为了降低材料消耗，保证工程质量，必须采取技术节约措施，才能达到节约材料的目的。例如：抹水泥砂浆墙面掺用粉煤灰节约了水泥，降低了定额消耗水平。又如水泥地面用养硬灵保护比铺锯末好，比清水养护回弹度提高20%～40%。所以为保证措施的实施，计算定额用料时必须以措施计划为依据。

(7)混凝土及砂浆的试配资料

(8)有关的技术翻样资料

主要指门窗、五金、油漆、钢筋、铁件等。其中五金、油漆在施工定额中没有明确的式样、颜色和规格，这些问题需要和建设单位协商，根据图纸和当时资源来确定。门窗也可根据图纸、资料，按有关的标准图集提出加工单。钢筋根据图纸和施工工艺的要求由技术部门提供加工单。所以，资料和技术翻样是确定限额领料的依据之一。

(9)新的补充定额

材料消耗定额的制定过程中可能存在遗漏，也有的随着新工艺、新材料、新的管理方法的采用原制订的定额不适用，因此使用中需要进行适当的修订和补充。

8．什么叫班组作业计划？

它主要反映施工班组在计划期内所施工的工程项目、工程量及工程进度要求，是企业按照施工预算和施工作业计划，把生产任务具体落实到班组的一种形式，主要包括以下内容：

任务、工期、定额用工；

限额数量及料具基本要求；
按人逐日实行作业考勤；
质量安全、协作工作范围等交底；
技术管理措施要求；
检查、验收、鉴定、质量评比及结算。

9．计算混凝土、砂浆用料数量的依据是什么？

定额中混凝土及砂浆的消耗标准是在标准的材质下确定的，而实际采用的材质往往与标准相差较大，为保证工程质量，必须根据进场的实际材料进行试配和试验。因此，计算混凝土及砂浆的定额用料数量，要根据试配试验合格后的用料消耗标准计算。

10．限额领料的程序是什么？

(1) 限额领料单的签发

限额领料单的签发，由计划统计部门按已编制施工预算的分部分项工程项目和工程量，负责编制班组作业计划，劳动定额员计算用工数量，材料定额员按照企业现行内部定额，扣除技术节约措施的节约量，计算限额用料数量，并注明用料要求及注意事项。

在签发过程中，要注意的问题是定额要选用准确，对于采取技术节约措施的项目应按试验室通知单上所列配合比单方用量加损耗签发。另外，装饰工程中如采用新型材料，定额本中没有的项目一般采用的方法有：参照新材料的有关说明书；协同有关部门进行实际测定；套用相应项目的设计预算和施工预算。

(2) 限额领料单的下达

限额领料单的下达是限额领料的具体实施过程，一般一式5份，一份交计划员作存根；一份交材料保管员作为发料凭证；一份交劳资部门；一份交材料定额员；一份交班组作为领料依据。限额领料单要注明质量等部门提出的要求，由工长向班组下达和交底，对于用量大的领料单应进行口头或书面交底。

所谓用量大的用料单，一般指分部位承包下达的混合队领料单,如结构工程既有混凝土,又有砌砖及钢筋支模等,应根据月度工程进度,做出分层次分项目的材料用量,这样才便于控制用料及核算,起到限额用料的作用。

(3)限额领料单的应用

限额领料单的应用是保证限额领料实施和节约使用材料的重要步骤。班组料具员持限额领料单到指定仓库领料,材料保管员按领料单所限定的品种、规格、数量发料,并作好分次领用记录。在领发过程中,双方办理领发料手续,填制领料单,注明用料的单位工程和班组,材料的品种、规格、数量及领用日期,双方签字认证。做到仓库有人管,领料有凭证,用料有记录。

班组要按照用料的要求做到专料专用,不得串项。节约用料,对领出的材料要妥善保管。同时,班组料具员要搞好班组用料核算,各种原因造成的超限额用料必须由工长提借料单,材料人员可先借3日内的用料,并在3日内补办手续,不补办的停止发料,做到没有定额用料单不得领发料,限额领料单应用过程中应处理好以下几个问题:

1)因气候影响班组需要中途变更施工项目 例如:原是灰土垫层变更为混凝土垫层,用料单也应作相应的项目变动处理,结原项添新项。

2)因施工部署变化,班组施工的项目需要变更作法 例如:基础混凝土组合柱,为提前回填土方,支木模改为支钢模,用料单就应减去改变部分的木模用料,增加钢模用料。

3)因材料供应不足,班组原施工项目的用料需要改变 例如:原是卵石混凝土,由于材料供应上改用碎石,就必须把原来项目结清,重新按碎石混凝土的配合比调整用料单。

4)兄弟班组临时参与会战的用料处理有两种情况:一是参战班组只帮工不领料,仍由原班组负责供料,在原班组核算;二是参战班组单独核算,就应把临时参战班组所需承担的工程项目和工程量的材料用量从原班组用料单中扣除,拨给参战班组。

5)限额领料单中的项目到月底做不完时,应按实际完成量验收结算,没做的下月重新下达,以便使报表、统计、成本交圈对口。

6)合用搅拌机问题 现场经常发生两个以上班组合用一台搅拌机拌制混凝土或砂浆等,原则上仍应分班组核算。

(4)限额领料单的检查

在限额领料应用过程中,会有许多因素影响班组用料。因此,定额员要深入现场,调查研究,会同栋号主管及有关人员从多方面检查,对发现的问题帮助班组解决,使班组正确执行定额用料,落实节约措施,做到合理使用。检查内容主要有:

1)查项 检查班组是否按照用料单上的项目进行施工,是否存在串料项目。由于材料用量取决于一定的工程量,而工程量又表现在一定的工程项目上,项目如果有变动,工程量及材料数量也随之变动,在施工中由于各种因素的影响,班组施工项目变动是比较多的,可能出现串料现象。因此,在定额用料中,对班组经常进行检查和落实,主要有5个方面:查设计变更的项目有无发生变化;查用料单所包括的施工是否做,是否甩,是否做齐;查项目包括的工作内容是否都做完了;查班组是否做限额领料单以外的施工项目;查班组是否有串料项目。

2)查量 检查班组已验收的工程项目的工程量是否和用料单上所下达的工程量一致。

班组用料量的多少,是根据班组承担的工程项目的工程量计算的。因此工程量超量必然导致材料超耗,在施工中只有严格按照规范要求做,才能保证实际工程量不超量。但是在实际施工过程中,往往由于各种因素造成超高、超厚、超长、超宽而加大施工量,有的是事先可以发现而不能避免的,有的则是事先发现不了的,情况十分复杂,应通过查量,根据不同情况作出不同的处理。如砖墙超厚加宽、灰缝超厚都会增加砂浆用量。检查时一要看墙身线放得准不准;二要看皮数杆尺寸是否合格。又如浇灌梁、柱、板缝的混凝土时,因模板超宽、缝大、不方正等原因,造成混凝土超量,主要查模板尺寸,还应在木工支模时建议模板要支得略小一点,防止浇灌混凝土时模板涨出加大混凝土量。再如抹灰工程,是容易产生较多亏损的工程,原因很多,情况复杂,一般情况下原因:一是因上道工序影响而增加抹灰量;二是因装修工程本身施工造成的超宽、超长而增加用量;三是返工而增加用量。因此,材料定额员要参加结构主要项目的验收,属于上道工序该做未做的,以及不符合要求的,都应由原班组补做补修,要协助质量部门检查米尺和靠尺板是否合格等;对超量施工要及时反映监督纠正。

3)查操作 检查班组在施工中是否严格按照规定的技术操作规范施工。不论是执行定额还是执行技术节约措施,都必须按照定额及措施规定的方法要求去操作,否则就达不到预期效果。有的工程项目工艺比较复杂,因此,在操作中重点检查主要项目和容易错用材料的项目。在砌砖、现浇混凝土、抹灰工程中,要检查是否按规定使用混凝土及砂浆配合比,防止以高强度等级代替低强度等级,以水泥砂浆代替混合砂浆。如有的班组在抹内墙白灰时为图省事,打底灰也用罩面灰等,在检查中发现这类问题应及时帮助纠正。

4)查措施的执行 检查班组在施工中节约措施的执行情况。技术节约措施是节约材料的重要途径,班组在施工中是否认真执行,直接影响着节约效果的实现。因此,要按措施规定的配合比和掺合料签发用料单,而且要检查班组的执行情况,并通过检查主动帮助班组解决执行中存在的问题。

5)查活完脚下清 检查班组在施工项目完成后是否做到三清,用料有无浪费现象。造成材料超耗的因素是落地灰过多,可以采取以下措施:一是少掉灰;二是及时清理,有条件的要随用随清;三是不能随用的集中分筛利用。

材料员要协助栋号主管促使班组计划用料,做到砂浆不过夜,灰槽不剩灰,半砖砌上墙,大堆材料清底使用,砂浆随用随清,运料车严密不漏,装车不要过高,运输道路保持平整,筛漏集中堆放,后台保持清洁,刷罐灰尽量利用,通过对活完脚下清的检查,达到现场消灭"七头"废物利用和节约材料的目的。

(5)限额领料单的验收

班组完成任务后,应由工长组织有关人员进行验收,工程量由工长验收签字,统计、预算部门把关,审核工程量,工程质量由技术质量部门验收,并在任务书签署检查意见,用料情况由材料部门签署意见,验收合格后办理退料手续。

(6)限额领料单的结算

班组料具员或组长将验收合格的任务书送交定额员结算。材料定额员根据验收的工程量和质量部门签署的意见,计算班组实际应用量和实际耗用量,结算盈亏,最后根据已结算的定额用料单分别登入班组用料台账,按月公布班组用料节超情况,并作为评比和奖励的依据。

在结算中应注意以下几个问题:

1)班组任务书如个别项目因某种原因由工长或计划员进行更改,原项目未做或完成一部分而又增加了新项目,这就需要重新签发用料单与实耗对比。

2)抹灰工程中班组施工的某一项目,如墙面抹灰,定额标准厚度是2cm,但由于上道工序造成墙面不平整增加了抹灰厚度,应按工长实际验收的厚度换算单方用量后再进行结算。

3)要求结算的任务书、材料耗用量与班组领料单实际耗用量及结算数字要交圈对口。

(7)限额领料单的分析

根据班组任务书结算的盈亏数量,进行节超分析,主要是根据定额的执行情况,搞清材料节约和浪费的原因,目的是揭露矛盾、堵塞漏洞,总结交流节约经验,促使进一步降低材料消耗,降低工程成本,并为今后修订和补充定额,提供可靠资料。

(8)限额领料的核算

核算的目的是考核该工程的材料消耗,是否控制在施工定额以内,同时也为成本核算提供必要的数据及情况。

1)根据预算部门提供的材料大分析,作出主要材料分部位的两算对比。

2)要建立班组用料台账,定期向有关部门提供评比奖励依据。

3)建立单位工程耗料台账,按月登记各工程材料耗用情况,竣工后汇总,并以单位工程报告形式作出结算,作为现场用料节约奖励,超耗罚款的依据。

11. 材料采购及订货是指什么?

材料采购通常是指有选择余地的用货币去换取材料的购买或委托加工活动。

材料订货是指需用单位在采购选择确定所购买的材料后,与供货单位按双方商定的条件,以合同形式约定某种材料供需衔接的工作过程。

12. 材料采购的原则是什么?

材料采购占用大量资金,其采购的材料价格高低、品质优劣,都对企业经济效益起着重大作用,因此材料采购必须遵循以下原则:

1)执行采购计划。采购计划是采购工作的行动纲领,要加强计划观念,按计划办事,极力消除采购工作中的盲目性。

2)加强市场调查,收集经济信息,熟悉掌握市场价格,讲求经济效益。每次材料采购,尽量做到货比三家,对批量大、价值高的材料采购,可采用公开招标供应办法,降低采购成本。

3)遵守国家有关市场管理的政策法规,遵守企业采购工作制度,不做无原则交易,不违反财经纪律。

4)提高工作效率,讲求信誉,及时清理经济手续,不拖欠货款,做到物款两清,手续完备。

13. 如何签订材料采购合同?

经合同双方当事人依法就主要条款协商一致即告成立。签订合同人必须是具有法人资格的企事业单位的法定代表人或由法定代表人委托的代理人。签订合同的程序要经过要约和承诺两个步骤。

(1)要约

合同一方(要约方)当事人向对方(受要约方)明确提出签订材料采购合同的主要条款,以供对方考虑,要约通常用书面或口头形式。

(2)承诺

对方(受要约方)对他方(要约方)的要约表示接受,即承诺。对合同内容完全同意,合同即可签订。

(3)反要约

对方对他方的要约要增减或修改,则不能认为承诺,叫做反要约,经供需双方反复协商取得一致意见,达成协议,合同就告成立。

14. 材料采购合同的主要条款有哪些?

1)材料名称(牌号、商标)、品种、规格、型号、等级。
2)材料质量标准和技术标准。
3)材料数量和计量单位。
4)材料包装标准和包装物品的供应和使用办法。
5)材料的交货单位、交货方式、运输方式、到货地点(包括专用线、码头)。
6)接(提)货单位和接(提)货人。
7)交(提)货期限。
8)验收方法。
9)材料单价、总价及其他费用。
10)结算方式,开户银行,账户名称,账号,结算单位。
11)违约责任。
12)供需双方协商同意的其他事项。

15. 如何对材料采购合同进行管理?

签订材料采购合同,仅仅是落实货源,要使合同实施,还应注意合同的管理工作。

(1)合同的复查

合同签定后,应对合同内容进行全面的审查、考核,发现问题及时采取措施或更正。

(2)做好合同的监督和执行

各种材料的采购合同宜集中管理,而且应建立合同台账,做好动态监督,并通知计划、运输、仓库、财务有关各方,以便安排运输、结算和供应工作。对于将到期的合同应与供方取得联系,确保按期执行;对已到期甚至超期而未兑现的合同,应用公函、电话、电报等方式催促和询问,也可派人前往联系,及时解决合同执行中问题,督促合同执行。

(3)合同的变更和解除

材料采购合同依法律程序一经签订,便具有法律效力,不得随意变更和解除,也不能因承办人或法人的变更而变动。但如果当事人一方或双方的情况发生变化而不能按合同中某些或全部内容执行时,在不影响材料使用和生产,不损害国家利益的前提下,协商同意,也可变更合同内容乃至解除合同,但需要到有关部门或机构办理手续。若合同的变更或解除使一方遭受损失,除依法可以免除责任之外,应由损失责任方负责赔偿。

(4)违反合同的责任处理

材料采购合同在执行过程中,发生违反合同规定的条款并造成经济损失时,应承担经济责任或法律责任。按照国家《经济合同法》有关规定,发生违反合同的经济责任时,由供需双方协商解决。协商不成,可向国家规定的合同管理机关申请调解或仲裁,也可通过法律程序解决。

16. 签订材料采购合同应注意哪些问题?

1)签订合同前,应对对方进行资质审查,看其是否具有货物或货款支付能力及信誉情况,避免欺诈合同、皮包合同、倒卖合同或假合同的签订。

2)签订合同应使用企业、事业单位章或合同专用章并有法定代表(理)人签字或盖章。而不能使用计划、财务等其他业务章。

3)不能以产品分配单或调拨单等代替合同。重要合同要经工商行政管理部门签证或经公证机关公证。

4)签订合同时间和地点都要写在合同内。

5)户名应用全称,即公章上名称。地址电话不能写错。

6)补偿贸易合同必须由供方(即供款企业)担保单位实行担保。

17. 企业如何加强对采购资金的管理？

材料采购过程也伴随着企业材料流动资金的运动过程。材料流动资金运用情况就决定了企业经济效益的优劣。因此,材料采购资金管理是充分发挥现有资金的作用,只有挖掘资金的最大潜力,才能获得较好的经济效益。

编制材料采购计划的同时,必须编制相应的资金计划,以确保材料采购任务完成。材料采购资金管理方法,根据企业采购分工不同,资金管理手段不同而有以下几种方法。

(1)品种采购量管理法

品种采购量管理法,适用于分工明确,采购任务量确定的企业或部门。按照每个采购员的业务分工,分别确定一个时期内其采购材料实物数量指标及相应的资金指标,用以考核其完成情况。对于实行项目自行采购资金的管理和专业材料采购资金的管理使用,这种方法可以有效地控制项目采购支出,管理好用好专业用材料。

(2)采购金额管理法

采购金额管理法的方法是确定一定时期内采购总金额,并明确这一时期内各阶段采购所需资金,采购部门根据资金情况安排采购项目及采购量。这种管理方法对于资金紧张的项目或部门可以合理安排采购任务,按照企业资金总体计划分期采购。一般综合性采购部门可以采取这种方法。

(3)费用指标管理法

费用指标管理法是确定一定时期内材料采购资金中成本费用

指标。如采购成本降低额或降低率,用以考核和控制采购资金使用。鼓励采购人员负责完成采购业务的同时注意采购资金使用,降低采购成本,提高经济效益。

上述几种方法都可以在确定指标的基础上按一定时间期限实行承包,将指标落实到部门落实到人,充分调动部门和个人的积极性,达到提高资金使用效率的目的。

18. 对材料采购批量如何管理?

材料采购批量是指一次采购材料的数量。其数量的确定是以施工生产需用为前提,按计划分批进行采购。采购批量直接影响着采购次数、采购费用、保管费用和资金占用、仓库占用。因此,在某种材料总需用量中每次采购的数量应选择各项费用综合成本最低的批量,也叫经济批量或最优批量。经济批量的确定受多方因素影响,按照所考虑主要因素的不同一般有以下几种方法:

(1)按照商品流通环节最少选择最优批量

从商品流通环节看,向生产厂直接采购,所经过的流通环节最少,价格最低。不过生产厂的销售往往有最低销售量限制,因此采购批量一般要符合生产厂的最低销售批量。这样既减少了中间流通环节费用,又降低了采购价格,而且还能得到适用的材料,最终降低了采购成本。

(2)按照运输方式选择经济批量

在材料运输中有铁路运输、公路运输、水路运输等不同的运输方式。每种运输中一般又分整车(批)运输和零散(担)运输。在中、长途运输中,铁路运输和水路运输较公路运输价格低,运量大。而在铁路运输和水路运输中,又以整车运输费用较零散运输费用低。因此一般采购应尽量就近采购或达到整车托运的最低限额以降低采购费用。

(3)按照采购费用和保管费用支出最低选择经济批量

材料采购批量越小,材料保管费用支出越低,但采购次数越多,采购费用越高。反之,采购批量越大,保管费用越高,但采购次数越少,采购费用越低。因此采购批量与保管费用成正比例关系,与采购费用成反比例关系,用图表示,如图3-1。

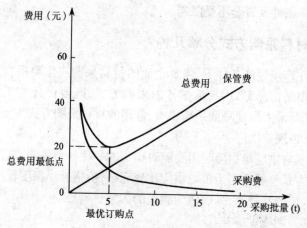

图3-1 采购批量与费用关系图

某种材料的总需用量中每次采购数量,使其保管费和采购费之和为最低,则该批量称为经济批量。

当企业某种材料年底耗用量确定的情况下,其采购批量与保管费用及采购费用之间的关系是:

$$年保管费 = \frac{1}{2} 采购批量 \times 单位材料年保管费$$

$$年采购费 = 采购次数 \times 每次采购费用$$

$$年总费用 = 年保管费 + 年采购费$$

经济批量可通过以下公式计算:

$$Q = \sqrt{\frac{2RK}{PL}}$$

式中 Q——一次采购量,即经济批量;
  R——总采购量;
  P——材料单价;
  L——年保管费率(%);
  K——一次采购费用。

在使用这种方法计算经济批量时,应注意具备三个条件:①需求比较确定;②消耗比较均衡;③资源比较丰富,能及时补充库存;④仓库条件及资金不受限制。

19．材料采购方式分哪几种？

在市场经济条件下,建筑企业的材料采购工作要根据复杂多变的市场情况,采用灵活多样的采购方式,既要保证施工生产需要,又要最大限度降低采购成本,常用的材料采购方式主要有:

(1)现货供应

现货供应是指随时需要随时购买的一种材料采购方式。这种采购方式一般适用于市场供应比较充裕,价格升浮幅度较小,采购批量、价值都较小,采购较为频繁的大宗材料。

(2)期货供应

期货供应是指建筑企业要求材料供应商以商定的价格和约定的供货时间,保质保量按期供应材料的一种材料采购方式。这种方式一般适用于一次采购批量大,且价格升浮幅度较大,而供货时间可确定的主要材料等采购的一种采购方式。

(3)赊销供应

赊销供应是指建筑企业向材料供应商购买材料,一定时期暂不付货款的一种材料采购方式。这种方式一般适于施工生产连续使用。供应商长期固定的,市场供大于求,竞卖较为激烈的材料而采用的一种采购方式。建筑企业应充分地运用这种方式,减少采购资金占用,降低采购成本。

(4)招标供应

招标供应是指建筑企业公开向多家材料供应商征招,由多家材料供应商进行投标,择优选中材料供应商的一种采购方式。这种方式适用于一次性巨额材料采购。

建筑企业要根据不同材料的采购,采用不同的采购方式。当然,在千变万化的市场环境中,采购方式不是一成不变的,企业要把握市场,灵活应用采购方式。

市场采购工作的一般程序,参见图3-2。

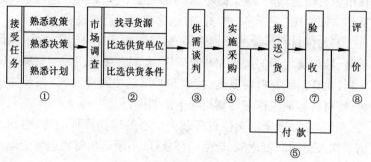

图3-2 市场采购工作程序

20. 材料运输方式有哪几种?

材料运输有:铁路运输、公路运输、水路运输、航空运输、管道运输五种运输方式。

21. 材料运输管理的任务是什么?

材料运输管理的基本任务是:根据客观经济规律和材料合理运输的基本原则,运用计划、组织、指挥、监督和调节材料运输过程,争取以最少的里程、最低的费用、最短的时间,最安全的措施,完成材料在空间的转移,保证工程需要。为实现这个任务,必须:

1)贯彻及时、准确、安全、经济的原则组织运输

及时:指用最少的时间,把材料从产地运到施工、生产地点,及时供应使用。

准确:指材料在整个运输过程中,防止发生各种差错事故,做到不错、不乱、不差、准确无误地完成运输任务。

安全:指材料在运输过程中保证质量完好,数量无缺,不发生受潮、变质、残损、丢失、爆炸和燃烧事故,保证人员、材料、车辆等安全。

经济:指经济合理地选择运输路线和运输方式,充分利用运输设备,降低运输费用。

及时、准确、安全、经济四原则是互相关联、辩证统一的关系,在组织材料运输时,应全面考虑,不要顾此失彼。只有正确全面地贯彻这四原则,才能多、快、好、省地完成材料运输任务。

2)加强材料运输的计划管理,做好货源、流向、运输路线、现场道路、堆放场地等的调查和布置工作,会同有关部门编制材料运输计划,认真组织好材料发运、接收和必要的中转业务,搞好装卸配合,使材料运输工作在计划指导下协调进行。

3)建立和健全以岗位责任制为中心的运输管理制度,明确运输工作人员的职责范围,加强经济核算,不断提高材料运输管理水平。

22. 材料运输管理的原则是什么？

组织材料运输,必须贯彻"遵守规程、及时准确、安全运输、经济合理"的材料运输管理原则。

(1)遵守规程

承托运双方必须按照货物运输规程所规定的要求办理货物运输。

货物运输规程是中央和地方交通运输主管部门颁布的规程、法则和办法,目前有铁道部颁布的《铁路货物运输规程》,交通部颁布的《水路货物运输规则》,中国民航总局颁布的《国内货物运输规则》,以及由上述规则引伸的各项规则和办法,如《铁路货物运价规则》、《铁路危险货物运输规则》、《铁路月度货物运输计划编制办法》、《货物运单与货票填制办法》、《铁路货运事故处理规则》、《交通部直属水运企业货物运价规则》等。各省、市、自治区交通运输主管部门制定的适合地方货物运输的各项规则和办法,如《内河货物运价规则》、《汽车货物运价规则》等。

货物运输规程所规定的主要内容有:货物的托运、受理和承运、货物的装货和卸货,货物的到达和交付,货物的到期限,货运事故、赔偿和运输费用的追补,承运部门与收货、发货人责任的划分,货物的运输价格,以及其他货物运输的规定。

货物运输规程的各项规定,是运输部门和收、发货人之间划分权利和义务的依据,是作为运输契约的基本条款,承托运双方必须履行。

(2)及时和准确

及时运送材料,是将采购的材料迅速运往目的地。材料运送及时,可以确保施工用料,加速材料流转,减少在途时间。为了做到材料运送及时,一要考虑采购地区运输是否畅通,是否有足够运输能力;二要事先组织好各种运输工具。

准确运送材料,包括材料的品种、规格和数量准确,按指定的地点装卸材料,准确预报车船到达时间,这是保证材料运输质量的标志之一。因此,必须做好各个运输环节的管理和衔接工作。

(3)安全运输

确保安全运输、安全生产是运输、装卸和收发货单位的一项十分重要的工作,务必重视,否则,就有可能发生严重的安全事故,给人民生命和国家财产造成损失。

在材料运输、装卸、中转和保管等过程中,还必须做好货运安全。

(4)经济合理

建筑企业必须经济地、合理地组织材料运输,选择最经济的运输路线、运输工具,加强装卸和中转管理,采取措施降低材料运输损耗,加强材料运杂费的审核,避免不合理的费用支出。改善和加强经营管理,提高经济效益。

23. 特种材料运输指哪三种?

特种材料运输指需用特殊结构的车船,或采取特殊的运送措施。特种材料运输,有超限材料运输、危险品材料运输和易腐材料运输三种。

24. 超限材料运输是指什么?

超限材料运输指材料的长度、宽度或高度任何一个部分超过运输部门规定标准尺度的材料,称为长大材料。凡一件材料的重量超过运输部门规定标准重量的货物,称为笨重材料。超限材料,如大型钢管、钢梁、大型预制构件和大型机械设备等。

1)铁路运输的材料,凡一件(捆、箱、包)材料装车后,在平直线上停留时,材料的高度和宽度超过机车车辆界限的,称为超限材料;一件材料的长度超过所装平车长度,需要使用游车或跨装运输时,称为超长材料;一件材料的重量大于应装平车负重面长度的最大载重量时,称为集重材料。

2)水路运输的材料,件重或长度超过规定标准的,应按笨重或长大材料托运。

凡是超限、超长和集重材料的运输,应按铁道部、交通部颁发的超限、超长和集重材料运输规则办理。

3)汽车在市区运送特殊超高、超长、超重的材料,必须经公安、市政工程、车辆管理部门审查发给准运证,在规定的线路和时间行驶,并在材料末端悬挂标志(夜间挂红灯、白天挂红旗)才能行驶。特殊超高的材料,要派专门车辆在前面引路,以便排除障碍。

25. 危险品货物运输指什么?

凡具有自燃、易燃、爆炸、腐蚀、毒害和放射等特性,在运输过程中能引起人身伤亡,人民财产遭受毁损的材料,称为危险品材料。如汽油、煤油、酒精、油纸、油布、硫酸、硝酸、盐酸、生石灰、火柴、生漆、雷管、镭、铀等均属危险品材料。

装运危险品材料的运输工具,应按照危险品材料运输要求进行安装。如内河水路装运生石灰,应选派良好的不漏水的船舶;装运汽油等液体危险品材料,应用槽罐车,并有接地装置。

在运输危险品材料时,必须按铁道部、交通部颁发的危险品材料运输规则办理。主要做好如下几项工作:

1)托运人在填写材料运单时,要填写材料的具体名称,不可书写土名、俗名;

2)要有良好的包装和容器(如铁桶、罐瓶),不能有渗漏,装运

时应事先作好检查;

3)在材料包装物或挂牌上,必须按国家标准规定,标印"危险品"货物包装标志;

4)装卸危险品时,要轻搬轻放,防止摩擦、碰撞、撞击和翻滚,码垛不能过高;

5)要做好防火工作,禁止吸烟,禁止使用蜡烛、汽灯、桅灯;

6)油布、油纸要保持通风良好;

7)配装和堆放时,不能将性质抵触的危险品材料混装和混堆;

8)汽车运输应在车前悬挂标志。

26. 什么是现场材料管理?

现场材料管理,是在现场施工过程中,根据工程类型、场地环境、材料保管和消耗特点,采取科学的管理办法,从材料投入到成品产出全过程进行计划、组织、协调和控制,力求保证生产需要和材料的合理使用,最大限度地降低材料消耗。

27. 现场材料管理主要完成哪些任务?

(1)全面规划

在开工前作出现场材料管理规划,参与施工组织设计的编制,规划材料存放场地、道路,做好材料预算,制定现场材料管理目标。全面规划是使现场材料管理全过程有序进行的前提和保证。

(2)计划进场

按施工进度计划,组织材料分期分批有秩序地入场。一方面保证施工生产需要,另一方面要防止形成大批工程剩余材料。计划进场是现场材料管理的重要环节和基础。

(3)严格验收

按照各种材料的品种、规格、质量、数量要求,严格对进场材料进行检查,办理发料。验收是保证进场材料品种、规格对路,质量完好、数量准确的第一道关口,是保证工程质量,实现降低成本的重要保证条件。

(4)合理存放

按照现场平面布置要求,做到适当存放,在方便施工、保证道路畅通、安全可靠的原则下,尽量减少二次搬运。合理存放是妥善保管的前提,是生产顺利进行的保证,是降低成本的重要方面。

(5)妥善保管

按照各项材料的自然属性,依据物资保管技术要求和现场客观条件,采取各种有效措施进行维护、保养,保证各项材料不降低使用价值。妥善保管是物尽其用,实现降低成本的又一保证条件。

(6)控制领发

按照操作者所承担的任务,依据定额及有关资料进行严格的数量控制。控制领发是控制工程消耗的重要关口,是实现节约的重要保证。

(7)监督使用

按照施工规范要求和用料要求,对已转移到操作者手中的材料,在使用过程中进行检查,督促班组合理使用,节约材料。监督使用是实现节约,防止超耗的主要手段。

(8)准确核算

用实物量形式,通过对消耗活动进行记录、计算、控制、分析、考核和比较,反映消耗水平。准确核算既是对本期管理结果的反映,又为下期提供改进的依据。

28. 现场材料管理一般分哪三个阶段?

(1)施工前的准备工作
(2)施工过程中的组织与管理
(3)工程竣工收尾和现场转移的管理

29. 现场材料管理施工前主要管理内容是什么?

(1)了解工程概况,调查现场环境

搞好现场材料管理,首先要作好施工前的准备。事先进行周密的调查研究,是整个施工准备的重要内容,是现场材料管理的必要阶段。

在工程开工前,应了解、掌握以下情况:工程协议的有关规定,工程概况、工程地址及周围交通运输条件,工程设计、方案、方法及进度安排。主要材料、机具和主要构件的需用量、资源和供应渠道。临时建筑及用料情况。就地就近有关节约代用材料资源情况。

(2)参与制订现场施工平面布置规划

现场的施工平面布置规划,一般以施工技术部门为主组织编制,但由于材料堆场,仓库设置,道路布置是现场平面布置规划的重要内容,所以材料管理的有关人员必须主动参加,从加强现场材料管理的要求出发,参与讨论研究,确定一个合理的方案,并注意以下几个问题。

1)材料堆场要以使用地点为中心,在可能的条件下,越靠近使用地点越好,避免发生二次搬运。

2)材料堆场及仓库,道路的选择不能影响施工用地,以避免料场、仓库中途搬家。

3)材料堆场的容量,一是能够存放供应间隔期内的最大需用量,二是要方便施工。

4)材料堆场,场地要平整,设排水沟,不积水。特别是构件堆放场地要夯实。

5)现场临时仓库还要符合防火、防雨、防潮和保管的要求。

6)现场运输道路要坚实,循环畅通、有回转余地。特别雨期施工要有排水措施。

7)在现场淋制石灰的灰池,要避开施工道路和材料堆场,最好设在现场的边沿为宜。

总之,现场平面规划要从实际出发,因地制宜,把需要与可能结合起来。经验证明,只有把现场堆料规划布置得切合实际,才能为搞好现场材料管理,实现文明施工创造条件。

30.现场材料管理施工过程中主要管理的内容是什么?

施工过程中的组织与管理,是现场材料管理的实施阶段,也只有通过这一阶段,现场材料管理的各项任务才能求得实现,它是整个施工现场管理的重要组成部分。由于建筑产品及生产特点,施工中的变化是经常发生的,都需要在施工过程中根据具体情况进行协调解决。这一阶段的工作主要内容是:

1)建立健全现场管理的责任制,划区分片、包干负责。定期组织检查和考核。

2)加强现场平面布置的管理,根据不同的施工阶段,材料消耗的变化,合理调整堆料位置,减少二次搬运,方便施工。

3)掌握施工进度,搞好平衡,及时掌握用料信息,正确地组织材料进场,保证施工的需要。

4)所用材料和构件,要严格按照平面布置图堆放整齐,要成行、成线、成堆,经常保持堆料场地清洁整齐。

5)认真执行材料、构件的验收、发放、退料和回收制度。建立健全原始记录和各种材料统计台账,按月组织材料盘点,抓好业务核算。

6)认真执行限额领料制度,监督和控制队组节约使用材料,加强检查,定期考核,努力降低材料的消耗。

31. 现场材料管理工程竣工收尾的主要管理内容是什么?

1)当一个工程的主要分项工程(指结构、装修)接近收尾时,一般是材料已使用了$\frac{2}{3}$以上,要检查现场存料,估计未完工程用料,在平衡的基础上,调整原用料计划,控制进料,以防发生剩料积压,为工程完、场地清创造条件。

2)对不再使用的临时设施可以提前拆除,并充分考虑旧料的重复利用,节约建设费用。

3)对施工现场的建筑垃圾,如筛漏、碎砖等,要及时轧细过筛复用,确实不能利用的废料,要随时进行处理。

4)对于设计变更造成的多余材料,以及不再使用的架木、周转设备材料要随时组织退库,以利于竣工拔点,及时向新工地转移。

5) 做好材料收发存的总结算工作,办清材料核销手续,进行材料决算和材料预算的对比。考核单位工程材料消耗的节约和浪费,并分析其原因,找出经验和教训,以改进新工地的材料供应与管理工作。

32. 现场材料一般验收的内容有哪些?

(1)验收准备
(2)核对凭证
(3)数量验收
(4)质量验收
(5)验收手续
(6)验收中问题的处理

33. 对水泥在数量上验收时要注意什么?

(1)数量验收
包装水泥在车上或卸入仓库后点袋计数,同时对包装水泥要实行抽检,以防每袋重量不足。破袋的要灌袋计数并过秤,防止重量不足而影响混凝土和砂浆强度,产生质量事故。

罐车运送的散装水泥,可按出厂秤码单计量净重,但要注意卸车时要卸净,检查的方法是看罐车上的压力表是否为零及拆下的泵管是否有水泥。压力表为零、管口无水泥即表明卸净,对怀疑重量不足的车辆,可采取单独存放,进行检查。

(2)合理码放
水泥一般应入库保管。仓库地坪要高出室外地面 20~30cm,四周墙面要有防潮措施,码垛时一般码放 10 袋,最高不得超过 15 袋。不同品种、标号和日期要分开码放,并挂牌标明。

特殊情况,水泥需在露天临时存放时,必须有足够的遮垫措施。做到防水、防雨、防潮。

散水泥要有固定的容器,既能用自卸汽车进料,又能人工出料。

34．对木材验收和保管时要注意什么？

(1)质量验收

木材的质量验收包括材种验收和等级的验收。木材的品种很多,首先要辨认材种及规格是否符合。对照木材质量标准,查验其腐朽、弯曲、钝棱、活死节、裂纹以及斜纹等缺陷是否与标准规定的等级相等。

(2)数量验收

木材的数量以材积表示,要按规定的方法进行检尺,按材积表查定材积。也可按计算式算得,如板材或方材的材积计算公式为:

$$V(m^3) = \frac{宽(cm) \times 厚(cm) \times 长度(m)}{10000}$$

原条的材积计算公式为:

$$V = \frac{\pi}{4} \times D^2 L \times \frac{1}{10000}$$

式中　　V——木材材积(m^3);

π——圆周率;

L——原条的检尺长度(m);

D——卡度中心位置的断面直径(cm)。

(3)保管

木材应按材种规格等不同码放,要便于抽取和保持通风,板、方材的垛顶部要遮盖,以防日晒雨淋。经过烘干处理的木材,应放进仓库。

木材各表面水分蒸发不一致,常常容易干裂。因此,应避免日光直接照射。可采用狭而薄的衬条,或用隐头堆积,或在端头设置遮阳板。木材存料场地要高,通风要好,清除腐木、杂草和污物。

35．对钢材在验收和保管时要注意什么？

(1)质量验收

钢材质量验收分外观质量验收和内在化学成分、力学性能的验收。外观质量验收中,由现场材料验收人员,通过眼看,手摸,或使用简单工具,如钢刷、木棍等,检查钢材表面是否有缺陷。钢材的化学成分、力学性能均应经有关部门复试,与国家标准对照后,判定其是否合格。

(2)数量验收

现场钢材数量验收,可通过称重、点件、检尺换算等几种方式验收。验收中应注意的是,称重验收可能产生磅差,其差量在国家标准容许范围内,即签认送货单数量;若差量超过国家标准容许范围,则应找有关部门解决。检尺换算所得重量与称重所得重量会产生误差,特别是国产钢材其误差量可能较大。因此,供需双方应统一验收方法,当现场数量检测确实有困难时,可到供料单位监磅发料,保证进场材料数量准确。

(3)保管

施工现场存放材料的场地狭小,保管设施较差。钢材中优质钢材,小规格钢材,如镀锌板、镀锌管、薄壁电线管等,最好入库入棚保管,若条件不允许,只能露天存放时,应做好苫垫。

钢材在保管中必须分清品种、规格、材质,不混淆。保持场地干燥,地面不积水,清除污物。

36. 对砂、石料在验收时要注意什么?

(1)质量验收

现场砂石料一般先目测:

砂:颗粒坚硬洁净,一般要求中粗砂,细砂除特殊需用外,一般不用。

粘土、泥灰、粉末等不超过 3%~5%。

石:颗粒级配应理想,粒形以近似立方块的为好。针片状颗粒不得超过 25%,在大于 C30 混凝土中,不得超过 15%。

注意鉴别有无风化石、石灰石混入。

含泥量一般混凝土不得超过 2%,大于 C30 的混凝土,不超过 1%。

砂石含泥量的外观检查,如黄砂颜色灰黑,手感发粘,抓一把能粘成团,手放开后,砂团散开,发现有粘联小块,用手指捻开小块,指上留有明显泥污的,表示含泥量过高,石子的含沙量,用手握石子摩擦后无尘土粘于手上,表示合格。

(2)数量验收

砂石的数量验收按运输工具不同、条件不同而采取不同方法。

量方验收:进料后先做方即把材料作成梯形堆放在平整的地上。凡是出厂有计数凭证的(一般称为上量方)即以发货凭证的数量为准,但要进行抽查;凡进场计数(称下量方)一般应在现场落地成方,检查验收,也可车上检查验收。无论是上量方抽查,还是下量方检查,都应考虑运输过程的下沉率。

成方后进行长、宽、高测量,然后计算体积:

$$V = \frac{h}{6}[a \cdot b + (a + a_1)(b + b_1) + a_1 b_1]$$

多数地区砂石料以吨为单位。因此,求出体积后,再乘上相应的堆积密度,得出吨数。

37. 对砖在验收和保管时要注意什么?

(1)质量验收

一般以抗压、抗折、抗冻等数据,以质保书为凭。现场主要从以下几方面做外观验收。

砖的颜色:未烧透或烧过火的砖,即色淡和色黑的红砖不能使用。

外型规格:按砖的等级要求进行验收。其等级标准见《建筑材料》中有关内容。

(2)数量验收

定量码垛点数:在指定的地点定量的码垛(一般200块为一垛)点数方便,便于发放。

按托板计数:用托板装运的砖,按不同砖每托板规定的装砖数,集中整齐码放,清点数量为每托板数量乘托板数。

车上点数,一般适用于车上码放整齐,现场急待使用,需要边卸边用情况下。

(3)合理保管

按现场平面布置图,一般应码放于垂直运输设备附近便于起吊。不同品种规格的砖,应分开码放。基础墙、底层墙的砖可沿墙周围码放。同时使用中要注意清底,用一垛清一垛,断砖要充分利用。

38．对成品、半成品在验收和保管时要注意什么？

(1)混凝土构件

混凝土构件一般在工厂生产,再运到现场安装,由于混凝土构件有笨重、量大和规格型号多的特点,验收时一定要对照加工计划,要分层分段配套码放,码放在吊车的悬臂回转半径范围以内。要认真核对品种、规格、型号,检验外观质量,及时登记台账,掌握配套情况。构件存放场地要平整,垫木规格一致且位置上下对齐,保持平整和受力均匀。混凝土构件一般按工程进度进场,防止过早进场,阻塞施工场地。

(2)铁活

主要包括金属结构、预埋铁件、楼梯栏杆、垃圾斗、水落管等。铁活进场一般要按加工图纸验收,复杂的应会同技术部门验收。铁活一般在露天存放,精密的要放入库内或棚内,露天存放的大件铁活要用垫木垫起,小件可搭设平台,要分品种、规格、型号码放整齐,并挂牌标明。铁活要按加工计划逐项核对验收,按单位工程登记台账。由于铁活分散堆放,保管困难,要经常清点,防止散失和腐蚀。

(3)门窗

门窗有钢质、木质、塑料质和铝合金质,都是在工厂加工运到现场安装。门窗验收要详细核对加工计划,认真检查规格、型号。门窗进场后要分品种、规格码放整齐。木门窗口及存放时间短的钢门、钢窗可露天存放,用垫木垫起,雨期时要上遮,防止雨淋日晒变形。木门、窗扇及存放时间长的钢门、钢窗要存入库内或棚内。用垫木垫起。门窗验收码放后,要挂牌标明规格、型号、数量,要按单位工程建立门窗及附件台账,防止错领错用。

(4)成型钢筋

是指由工厂加工成型后运到现场绑扎的钢筋。一般会同生产班组按照加工计划进行验收规格、数量,一并交班组管理使用。钢筋的存放场地要平整、没有积水,分规格码放整齐,要用垫木垫起,防止水浸锈蚀。

39. 现场材料验收内容和方法有哪些?

(1)验收准备

1)场地和设施的准备。料具进场前,根据用料计划、现场平面布置图、物资保管规程及现场场容管理要求,进行存料场地及设施准备。场地应平整、夯实,并按需要建棚、建库;

2)苫垫物品的准备。对进场露天存放、需要苫垫的材料,在进场前要按照物资保管规程的要求,准备好充足适用的苫垫物品,确保验收后的料具作到妥善保管,避免损坏变质;

3)计量器具的准备。根据不同材料计量特点,在材料进场前配齐所需的计量器具,确保验收顺利进行;

4)有关资料的准备。包括用料计划、加工合同、翻样、配套表及有关材料的质量标准;砂石沉陷率、运输途耗规定等。

(2)核对凭证

确认是否为应收的材料,凡无进料凭证和经确认不属于应收的材料不得办理验收,并及时通知有关部门处理。进料凭证一般是:运输单、出库单、调拨单或发票。

(3)质量验收

现场材料的质量验收,由于受客观条件所限,主要通过目测对料具外观的检查和材质性能证件的检验。

凡一般材料外观检验,应检验材料的规格、型号、尺寸、颜色、方正及完整,做好检验记录。凡专用、特殊及加工制品的外观检验,应根据加工合同、图纸及翻样资料,会同有关部门进行质量验收并做好记录。

(4)数量验收

现场材料数量验收一般采取点数、检斤、检尺的方法,对分批进场的要作好分次验收记录,对超过磅差的应通知有关部门处理。

(5)验收手续

经核对质量、数量无误后,可以办理验收手续。验收手续根据不同情况采取不同形式。一般由收料人依据来料凭证和实际收数量开写收料单;有些材料由收料人依据供方提供的调拨单直接填写实际验收数量并签字;属于多次进料最后结算办理验收手续的,如大堆材料,则由收料人依据分次进料凭证、验收记录核对结算凭证或开写验收单或在供方提供的调拨单上签认。

由于结算期延长或部分结算凭证不全不能及时办理验收,影响使用时,可办理暂估验收,依据实际验收数量开写暂估验收单,待正式办理验收后冲回暂估数量。

(6)验收问题的处理

进场材料若发生品种、规格、质量不符时应及时通知有关部门及时退料;若发生数量不符时应与有关部门协商办理索赔和退料。

40. 现场材料发放依据是什么？

现场发料的依据是下达给施工班组、专业施工队的班组作业计划(任务书),根据任务书上签发的工程项目和工程量所计算出材料用量,并且办理材料的领发手续。由于施工班组、专业施工队伍的工种所担负的施工部位和项目有所不同,因此除任务书以外,还须根据不同的情况和变化办理一些其他领发料依据。

首先是工程用料的发放,包括大堆材料、主要材料及成品、半成品材,凡属于工程用料的必须以限额领料单作为发料依据。但在实际生产过程中,因各种原因变化很多,如设计变更、施工不当等造成工程量增加或减少,使用的材料也发生变更,造成限额领料单不能及时下达。此时应由工长填制项目经理审批的工程暂借单,并在3日内补齐限额领料单,交到材料部门作为正式发料凭证,否则停止发料。

第二是工程暂设用料。包括大堆材料及主要材料,凡属于施工组织设计以内的,按工程用料一律以限额领料单作为发料依据。施工设计以外的临时零星用料,由工长填制、项目经理审批的工程暂设用料申请单,并且办理领发手续。

第三,对于调出项目以外其他部门或施工项目的,凭施工项目材料主管人签发或上级主管部门签发,项目材料主管人员批准的调拨单。

第四,对于行政及公共事务用料,包装大堆材料、主要材料及剩余材料。主要凭项目材料主管人员根据施工队批准的用料计划到材料部门领料,并且办理材料调拨手续。

41．现场材料发放的程序是什么？

首先,将施工预算或定额员签发的限额领料单下达到班组。工长在对班组交待生产任务的同时,也要做好用料的交底。

第二,班组料具员持限额领料单向材料员领料。材料员经核定工程量、材料品种、规格、数量等无误后,交给领料员和仓库保管员。

第三,班组凭限额领料单领用材料,仓库依此发放材料。发料时应以限额领料单为依据,限量发放,可直接记载在限额领料单上,也可开领料小票,双方签字认证,若一次开出的领料量较大需多次发放时,应在发放记录上逐日记载实领数量,由领料人签认。

第四,当领用数量达到或超过限额数量时,应立即向主管工长和材料部门主管人员说明情况,分析原因,采取措施。若限额领料单不能及时下达,应由工长填制并由项目经理审批的工程暂借用料单,办理因超耗及其他原因造成多用材料的领发手续。

42．现场材料的发放方法是什么？

在现场材料管理中,各种材料的发放程序基本上是相同的,而发放方法却因不同品种、规格而有所不同。

(1)大堆材料

主要包括砖、瓦、灰、砂、石等材料,一般都是露天存放多工种使用。根据有关规定,大堆材料的进出场及现场发放都要进行计量检查。这样既保证施工的质量,也保证了材料进出场及发放数量的准确性。大堆材料的发放除按限额领料单中确定的数量发放外,要做到在指定的料场清底使用。对混凝土、砂浆所使用的砂、石,可以按混凝土、砂浆不同强度等级的配合比,分盘计算发料的实际数量,因此要做好分盘记录和办理领发料手续。

(2)主要材料

包括水泥、钢材、木材等。一般是库发材料或是在指定的露天料场和大棚内保管存放,有专职人员办理领发手续。主要材料的发放要凭限额领料单(任务书)领发料,还要根据有关的技术资料和使用方案进行发放。

(3)成品及半成品

主要包括混凝土构件、钢木门窗、铁活及成型钢筋等材料。一般都是在指定的场地和大棚内存放,有专职人员管理和发放。发放时凭据限额领料单及工程进度,并办理领发手续。

43. 现场材料发放中应注意的问题有哪些?

针对现场材料管理的薄弱环节,应做好几方面工作:①必须提高材料人员的业务素质和管理水平,要对在施的工程概况、施工进度计划、材料性能及工艺要求有进一步的了解,便于配合施工生产;②根据施工生产需要,按照国家计量法规定,配备足够的计量器具,严格执行材料进场及发放的计量检测制度;③在材料发放过程中,认真执行限额用料制度,核实工程量、材料的品种、规格及定额用量,以免影响施工生产;④严格执行材料管理制度,大堆材料清底使用,水泥早进早发,装修材料按计划配套发放,以免造成浪费;⑤对价值较高及易损、易坏、易丢的材料,发放时领发双方须当面点清,签字认证,并做好发放记录。并且要实行承包责任制,防止丢失损坏,以免重复领发料的现象发生。

44. 现场材料耗用的依据是什么?

现场耗料的依据是根据施工班组、专业施工队所持的限额领料单(任务书)到材料部门领料时所办理的不同领料手续。常见的一般有两种:一是领料单(小票);二是材料调拨单。

领料单一般使用的范围是施工班组、专业施工队,在领发过程中,双方办理出库手续,并且填制领料单,按领料单上的项目逐项填写,注明单位工程、施工班组、材料名称、规格、数量及领用日期、双方签字认证。

材料调拨单的使用范围有两种:一是项目之间材料调拨,属于内调,是各工地的材料部门为本工程用料所办理的调拨手续。在调拨过程中,双方办理调拨手续,填制调拨单,注明调出工地、调入工地、材料名称、规格、请发数量、实发数量及调拨日期,并且有双方主管人的签字后,双方签字认证。这样可以保证各自工程成本的真实性。另一是外单位调拨及购买材料使用的调拨,在办理调拨手续过程中要有上级主管部门和项目主管领导的批示方可进行调拨。填制调拨单时注明调出单位、调入单位、材料名称、规格、请发数、实发料以及实际价格、计划价格和单价、金额、调拨日期等,并且要经主管人签字后,双方签字认证。

以上两种凭证是耗料的原始依据,因此要求在填制各种耗料凭证时,必须如实填写,准确清楚,不弄虚作假、任意涂改,保证耗料的准确性。

45. 现场材料耗用的程序是什么?

现场耗料过程,也是材料核算的重要组成部分。根据材料的分类以及材料的使用去向,采取不同的耗料程序。

(1)工程耗料

包括大堆材料、主要材料及成品、半成品等。其耗料程序是根据领料凭证(任务书)所发出的材料经核算后,对照领料单进行核实,按实际工程进度计算材料的实际耗料数量。由于设计变更、工序搭接造成材料超耗的,也要如实记入耗料台账,便于工程结算。

(2)暂设耗料

包括大堆材料、主要材料及可利用的剩余材料。根据施工组织设计要求,所搭设的设施也视同工程用料,要做单独项目进行耗料。因为预算收入单项开支,并且要按项目经理(工长)提出的用料凭证(任务书)进行核算后,与领料单核实,计算出材料的耗料数量。如有超耗也要计算在材料成本之内,并且记入耗料台账。

(3)行政公共设施耗料

根据施工队主管领导或材料主管批准的用料计划进行发料,使用的材料一律以外调材料形式进行耗料,单独记入台账。

(4)调拨材料

是材料在不同部门之间的调动,标志着所属权的转移。不管内调与外调都应记入台账。

(5)班组耗料

根据各施工班组和专业施工队的领发料手续(小票),考核各班组、专业施工队是否按工程项目、工程量、材料规格、品种及定额数量进行耗料,并且要记入班组耗料台账,作为当月的材料移动报告,如实的反映出材料的收、发、存情况,为工程材料的核算提供可靠依据。

在施工过程中,施工班组由于某种原因或特殊情况,发生多领料或剩余材料,都要及时如实办理退料手续和补办手续,及时冲减账面,调整库存量,保证帐物相符,正确地反映出工程耗料的真实情况。

46.现场材料耗用方法是什么?

根据现场耗用的过程,为了使工程收到较好的经济效益,使材料得到充分利用,保证施工生产。因此,根据材料不同的种类、型号,分别采取耗料方法。

(1)大堆材料

一般露天存放,不便于随时计数,耗料一般采取两种方法:一是实行定额耗料,按实际完成工作量计算出材料用量,并结合盘点,计算出月度耗料数量;二是根据混凝土、砂浆配合比和水泥耗用量,计算其他材料用量,并按项目逐日记入材料发放记录,到月底累计结算,作为月度耗料数量。有条件的现场,可采取进场划拨方法,结合盘点进行耗料。

(2)主要材料

一般都是库发材料,根据工程进度计算实际耗料数量。

(3)成品及半成品

一般都是库发材料或是在指定的露天料场和大棚内进行管理发放。一般采用按工程进度、部位进行耗料,也可按配料单或加工单进行计算,求得与当月进度相适应的数量,作为当月的耗料数量。

47. 现场材料耗用中应注意的问题有哪些?

现场耗料是保证施工生产、降低材料消耗的重要环节,切实做好现场耗料工作,是搞好项目承包的根本保证。为此应做好以下工作:

1)要加强材料管理制度,建立健全各种台账,严格执行限额领料和料具管理规定。

2)分清耗料对象,按照耗料对象分别记入成本。对于分不清的,例如群体工程同时使用一种材料,可根据实际总用量,按定额和工程进度进行适当分解。

3)严格保管原始凭证,不得任意涂改耗料凭证,以保证耗料数据和材料成本的真实可靠。

4)建立相应的考核制度,对材料耗用要逐项登记,避免乱摊、乱耗,保证耗料的准确性。

5)加强材料使用过程中的管理,认真进行材料核算,按规定办理领发料手续,为推广项目承包打好基础。

48. 现场材料管理一般存在哪些问题？

1) 从对材料工作的认识上普遍存在着"重供应轻管理"观念。只管完成任务而单纯抓进度、质量、产值，不重视材料的合理使用和经济实效，耗超也按实报，而且对现场材料管理人员配备力量较弱，使现场材料管理停留在一个粗放式管理水平上。

2) 是在施工现场管理与材料业务管理上普遍存在着现场材料堆放混乱、管理不严，余料不能充分利用；材料计量设备不齐、不准，造成用料上的不合理；材料质量不稳定，如：砌体外形尺寸不标准，误差大，影响砌墙平整度，要依赖抹灰去填平，大量超耗抹灰砂浆；材料紧缺，无法按材料原有功能使用，如：将高强度等级水泥用作仅需低强度等级水泥的砌墙砂浆或抹灰砂浆，优材劣用；而要配制高等级的混凝土时，因无高强度等级水泥供应，只能用低强度等级水泥替代，大量增加水泥用量；钢材规格供应不配套，导致以大代小，以优代普；施工抢进度，不按规范施工，片面增加材料用量，放松现场管理，浪费材料；技术操作水平差，施工管理不善，工程质量差，造成返工，浪费材料；设计多变，采购进场的原有材料不合用，形成积压变质浪费；盲目采购，由于责任心不强或业务不熟悉，采购了质次或不适用的物资。或图方便，大批购进，造成积压浪费。

3) 在基层材料人员队伍建设上，普遍存在着队伍不稳定，文化水平偏低，懂生产技术和管理的人员偏少的状况，造成现场材料管理水平较低。

49. 混凝土工程中节约水泥的措施有哪些？

(1) 优化混凝土配合比

混凝土是以水泥为胶凝材料，同水和粗细骨料按适当比例配制、拌成的混合物，经一定时间硬化成为人造石。砂、石起骨架作用，称为骨料。水泥与水形成水泥浆，水泥浆包裹在骨料表面并填充其空隙。在硬化前，水泥浆起润滑作用，赋予混合物一定的流动性,以便施工。水泥浆硬化后,则将骨料胶结成一个坚实的整体。

组成混凝土的所有材料中,水泥的价格最贵。水泥的品种、强度等级很多,因此经济合理地使用水泥,对于保证工程质量和降低成本是非常重要的。

1)选择合理的水泥强度等级。在选择水泥强度等级时,以所用水泥强度等级为混凝土强度等级号的15~20倍为宜;当配制高强度等级混凝土时,可以取9~15倍。用高强度水泥配制低强度混凝土,用较少的水泥用量就可达到混凝土所要求的强度,但不能满足施工所需的和易性及耐久性,还需增加水泥用量,就会造成浪费。所以当必须用高强度水泥配制低强度混凝土时,可掺一定数量的混合物,如磨细粉煤灰,以保证必要的施工和易性,并减少水泥用量。反之,如果要用低强度水泥配制高强度混凝土时,则因水泥用量太多,会对混凝土技术特性产生一系列不良影响。

2)级配相同的情况下,选用骨料粒径最大的可用石料。因为同等体积的骨料,粒径小的表面积比粒径大的要大,需用较多的水泥砂浆才能裹住骨料表面积,势必增加水泥用量。所以,在施工中,要视钢筋混凝土的钢筋间距大小,能选用5~70mm石子的,就不要用5~40mm的石子。能用5~40mm的石子的,不要用5~15mm的石子。能用细石混凝土的不要用砂浆。而且粒径大的石子比粒径小的石子价格低。骨料选用得好,既可节约水泥又可提高工程经济效益。

3)掌握好合理的砂率(砂重/砂、石的总量)。砂率合理既能使混凝土混合物获得所要求的流动性及良好的粘聚性与保水性,又能使水泥用量减为最少。

4)控制水灰比:水与水泥之比之称水灰比。水灰比确定后要严格控制,水灰比过大会造成混凝土粘聚性和保水性不良、产生流浆、离析现象,并严重影响混凝土的强度。

(2)合理掺用外加剂

混凝土外加剂可以改善混凝土和易性,并能提高其强度和耐久性,从而节约水泥。

(3)充分利用水泥活性及其富余系数

各地小水泥厂生产的水泥,由于生产单位设备条件、技术水平所限,加上检测手段差,使水泥质量不稳定,水泥的富余系数波动很大。大水泥厂生产的水泥,一般富余强度也较大,所以建筑企业要加快测试工作,及时掌握其活性就能充分利用各种水泥的富余系数,一般可节约水泥10%左右。一般地说,充分利用水泥活性是要担点风险,但如果在充分积累数据及充分掌握科学技术资料以后,在实际使用时是很有潜力可挖的。

(4)掺加粉煤灰

粉煤灰是发电厂燃烧粉状煤灰后的灰渣,经冲水、排出的是湿原状粉煤灰。湿原状粉煤灰经烘干磨细,可成为与水泥细度相同的磨细粉煤灰。

在混凝土中掺磨细粉煤灰10.3%,可节约水泥6%。

在砌筑砂浆中掺原状粉煤灰17%,可节约水泥11%,并可同时节约石灰膏及砂17%,利用粉煤灰节约水泥,是一项长期的经济、合理、有效的措施。

为了贯彻各项节约水泥措施,在大量浇筑混凝土工程的施工过程中,由专人管理配合比、计量、外掺料以及大石块等工作,这对保证水泥节约措施的落实,并保证质量是极为有利的。

50. 模板工程中节约木材的措施有哪些?

(1)以钢代木

用组合式定型钢模板、大模板和滑模、爬模、盒子模代木模。这些模板都是用钢材制作的,使用方便,周转次数可达几十次,如用钢模代替木模,每 $1m^3$ 钢筋混凝土可节约木材80%左右,是节约木材的重要措施。此外以钢管脚手架代替杉槁脚手架也是节约木材的重要措施。

(2)改进支模办法

采用无底模、砖胎模、升板、活络脱模等支模办法可节约模板用量或加快模板周转。

(3)优材不劣用

有些建筑企业用优质材木代替劣等材用,是极不经济的。我国长期沿用松木来制模,而造成市场缺货,这需要从宏观上来解决。在具体管理上应尽可能防止优材劣用。

(4)长料不短用

木材长料锯成短料很容易,短料要接长使用却很困难。因此,要特别注意科学、合理地使用木料。除深入进行宣传教育外,要制订必要的限制措施和奖惩办法。

(5)以旧料代新料

板条墙、板条吊平顶的短撑档木,大都在40cm左右,可以不用新料,以旧短料代替。但在施工过程中,往往为图方便省事,用长料锯成,甚为可惜。另外建筑工地木模拆下后的旧短料很多,应予合理使用,做到物尽其用。

(6)综合利用

制作时要量材套锯,提高出材率。下脚料可加工成木质纤维,制造纤维板等。现场制作、拆除模板和安装木板墙、木筋顶棚等锯下的短料,都可锯成木砖、对拨榫等,有的可拼接制作抹灰工具如操板、托尺等。

51．节约钢材的措施有哪些？

1)集中断料,合理加工。在一个建筑企业范围内,所有钢构件、铁件加工,应该集中到一个专设单位进行。这样做,一是有利于钢材配套使用;二是便于集中断料,通过科学排料,使边角料得到充分利用,使损耗量达到最小程度。

2)钢筋加工成型时,应注意合理的焊接或绑扎钢筋的搭接长度。线材经过冷拨可以利用延伸率,减少钢材用量。使用预应力钢筋,亦可节约钢材。

3)充分利用短料、旧料。对建筑企业来说,需加工的品种、规格繁多,加工时,可以大量利用短料、边角料、旧料。如加工成型钢筋的短头料,可以制作预埋铁件的脚头,制作钢管脚手锯下的短管,可以作钢模斜撑、夹箍等。

4)尽可能不以大代小,以优代劣。可用沸腾钢的不用镇静钢,不随意以大代小,实在不得已要代用时,也应经过换算断面积,如钢筋大代小时可以减少根数,型钢可以选择断面积最接近的规格,使代用后造成的损失尽量减少。

52. 节约砌体材料的措施有哪些?

1)充分利用断砖。在施工过程中,会产生数量不等的断砖。所以,充分利用断砖,减少操作损耗率,才能节约砌体材料;

2)减少管理损耗。砌体的管理损耗定额一般只有0.5%,目前有些单位采用倾卸方式,运输损耗率远远超过0.5%。要提高装卸质量,提倡文明装卸,以减少耗损;

3)堆放合理,减少场内二次搬运。使用中要督促砖垛底脚清,也可减少管理损耗。

53. 材料仓库管理原则是什么?

1)全面规划:根据材料性能、搬运、装卸、保管条件、吞吐量和流转情况,合理安排材料货位。同类材料应安排在一处;性能上互有影响或灭火方法不同的材料,严禁安排在同一处储存。实行"四号定位"即:库内保管划定库号、架号、层号、位号;库外保管划定区号、点号、排号、位号,对号入座,合理布局。现场临时储存的零星材料可不实行"四号定位"。

2)科学管理:必须按类分库、新旧分堆、规格排列、上轻下重、危险专放、上盖下垫、定量保管、五五堆放、标记鲜明、质量分清、过目知数、定期盘点、便于收发保管。

3)整齐清洁:材料码垛要牢固、定量、整齐、方便,料架、料垛要成排成线。要经常保持仓库和周围环境的清洁卫生,无尘土、无垃圾、无杂草、无虫兽害,做到仓库整洁、文明。

4)制度严密:要建立健全保管、领发等管理制度,并严格执行,使各项工作,井然有序。

5)防火、防盗,确保仓库安全。

6)勤于盘点:做到日清、月结、季盘点、年终清仓;平常收发料时,随时盘点,发现问题,及时解决;发现盈亏,查明原因,上报处理。

7)在退料方面,将退回的材料,事先列出清单,然后再办理退库手续。料库人员要核对名称、规格、数量、质量,及时入库记账,积压、报废物资应专门放置。

8)及时记账:要健全料卡、料账制度,收发、盘点情况及时登卡记账,做到账、卡、物三相符。健全原始记录制度,为材料统计与成本核算提供资料。

54. 对库存材料管理有哪些要求?

(1)库房的温度、湿度管理

库存的温度过高,一些化工材料会发生熔化、挥发;温度过低会发生凝固、硬结变化;精密仪表仪器在高温和低温条件下都会影响精密度。

库房湿度过高,会使易霉物质生霉腐烂,使吸潮性化工材料潮解、熔化,使水泥结块失效,使机电仪表受潮失灵等等。因之,必须经常测定库房湿度,并进行记录。

控制和调节库内温度、湿度的简单办法有:通风、密封、吸潮等措施。

(2)防锈

金属和金属制品,在周围介质的化学作用或电化学作用下,易被腐蚀。防锈的根本措施,是防止或破坏其产生化学和电化学腐蚀的条件。要按照金属材料的保管条件来进行储存,杜绝导致金属锈蚀的一切外界因素;严禁金属与酸、碱、盐类化工产品并放在一起,不同的金属材料不得混放;要进行堆码毡垫或加密封。有些部件可在表面涂防锈油,以便与外界隔离,避免生锈。

(3)防止兽害

库区要搞好环境卫生,灭鼠、灭虫,防止虫害、兽害。

55. 对仓库安全注意哪些问题？

仓库管理人员必须有高度的工作责任感,要提高警惕性,确保仓库和在库材料的安全。

1)仓库设备要经常检查修理,要保持库区整洁,道路畅通,无杂草,排水沟道要畅通、无积水。

2)仓库所有的度量衡器要经常校验,最好一周一次,至少一月一次。

3)严格执行门卫制度,严禁闲杂人员入库。危险品要专人负责,非本库管理人员不得随便入库。库区严禁烟火。

4)建立安全检查制度,定时进行认真的安全检查。下班要关锁库房门窗、清理库内杂物、切断电源。例假、节日要有人值班。

5)仓库要采取通风、密封、降温、防冻、防火、防潮、防毒、防盗等措施,严格管理火源、电源、水源,以保障仓库的安全。

56. 什么叫周转材料？

周转材料是指能够多次应用于施工生产,有助于产品形成,但不构成产品实体的各种材料。就作用而言,周转材料应属工具,但因其在预算取费和财务核算上列入"材料"项目,故称之为周转材料。

57. 周转材料是如何分类的？

常用的周转材料包括定型组合钢模板、大钢模板、滑升模板、飞模、酚醛复膜胶合板、木模板、杉槁架木、钢和木脚手板、门型脚手架以及安全网、档土板等。

周转材料按其自然属性可分为钢制品和木制品两类;按使用对象可分为混凝土工程用周转材料、结构及装修工程用周转材料和安全防护用周转材料三类。

58. 周转材料管理的内容有哪些?

(1)使用

周转材料的使用是指为了保证施工生产正常进行或有助于产品的形成而对周转材料进行拼装、支搭以及拆除的作业过程。

(2)养护

指例行养护,包括除却灰垢、涂刷防锈剂或隔离剂,以使周转材料处于随时可投入使用的状态。

(3)维修

指对损坏的周转材料的修复,使之恢复或部分恢复原有功能。

(4)改制

指对损坏且不可维修的周转材料,按使用要求由大改小,由长改短的工作。

(5)钢模板及脚手架的管理

为了加速周转,减少资金占用,一般钢模板、脚手架料采取租赁管理办法。现场材料人员应加强对使用过程中的钢模板、脚手架料等管理,要严格清点进出场的数量及质量检查。交班组使用时,要办清交接手续,并须设置专用台账进行管理,督促班组合理使用,随用随清,防止丢失损坏,严禁挪作他用。拆架要及时,禁止高空抛甩。拆架后要及时回收清点入库,进行维护保养。凡不需继续使用的,应及时办理退租手续,以加速周转使用。

关于脚手架料中钢管脚手架及扣件,多功能门式架,金属吊篮架,以及钢木、竹跳板等的管理更为重要。脚手架、钢模板等周转材料由于用量大,周转搭设、拆除频繁,流动面宽。应有适当的地点,进行集中清点、清理、检验、进行维修、保养,以保证质量。并须分规格堆放整齐,合理保管。扣件与配件要注意防止在搭架或拆架时散失。使用后均需清理涂油,配件要定量装箱,入库保管。进出场必须交接清楚,及时办理租赁或退租手续,防止丢失、被盗。凡质量不符合使用要求的脚手架料及扣件等,必须经检验后报废,不准混堆。

59. 周转材料的租赁是指什么？

租赁是指在一定期限内，产权的拥有方向使用方提供材料的使用权，但不改变所有权，双方各自承担一定的义务，履行契约的一种经济关系。

项目确定使用周转材料后，应根据使用方案制定需要计划由专人向租赁部门签订租赁合同，并做好周转材料进入施工现场的各项准备工作，如存放及拼装场地等。租赁部门必须按合同保证配套供应并登记"周转材料租赁台账"。

60. 对木模板如何进行管理？

统一集中管理，设立模板配制车间，负责模板的统一管理、配料、制作、回收。工程使用木模板时，事先向模板车间提出计划，由车间统一制作，发给工地使用。施工现场负责模板的安装和拆除，使用完后，由模板车间统一回收管理、计算工程的实际消耗量，正确核算模板摊销费用。

61. 什么叫材料核算？

材料核算就是用货币或实物数量形式，按照价值规律的要求，对建筑企业材料管理工作中的申请、采购、供应、储备、消耗等项业务经营活动进行记录、计算、控制、监督、分析、考核和比较，反映经营成果。材料核算是提高和改善经营管理，以达到用较少的人力和物力消耗，取得较大的经济效果。

工程材料成本，材料供应核算是建筑企业经济核算工作主要组成部分，材料费用一般占建筑工程造价70%左右。材料的采购供应和使用管理是否经济合理，对企业的各项经济技术指标的完成，都有重大的影响。

62. 实现材料核算应具备哪些条件？

1）要建立和健全材料核算的管理体制，使材料核算的原则贯穿于材料供应和使用的全过程。

2)要建立健全核算管理制度。要明确各部门、各类人员以及基层班组的经济责任,制定材料申请、计划、采购、保管、收发,使用的办法和规定,以及核算程序。

3)材料消耗定额、原始记录、计量检测报告、清产核资和预算价格等,它是开展经济核算的重要前提条件。材料消耗定额是计划、考核、衡量材料供应与使用是否取得经济效果的标准;原始记录是反映和计算经营过程的主要依据;计量检测是反映供应、使用情况和记账、算账、分清经济责任的主要手段;清产核资是搞清家底,弄清财、物分布占用,进行核算的前提;预算价格是进行考核和评定经营成果的统一计价标准。

63. 按材料核算的性质可划分为哪几种?

(1)会计核算

会计核算是以货币为尺度,计算和考核材料供应和使用过程经济效果的重要工具。它的特点是连续性、系统性强,便于综合比较,通过记录、整理、汇总、结算等程序,反映材料资金的运动变化,考核材料资金的运用,费用的开支,各种成本及利润的效果。

(2)统计核算

统计核算一般采用实物形态,借助于数量来反映、监督材料经营活动情况。例如:材料供应量、库存量、节约量,以及各种材料的节约率等。

(3)业务核算

业务核算是局部的核算,既可以采取价值形式,也可以采用实物形式,是会计核算和统计核算的基础,但比会计核算的范围、内容要更加广泛。例如对部门分管指标的核算和对班组的材料核算等。

64. 按材料核算所处的领域可划分为哪两种?

(1)材料供应过程的核算

主要反映和考核供应过程的经济效果,如资金、价格、运输、加工、包装和管理费用等。

(2)材料使用过程的核算

主要考核材料供应给建设项目之后,在生产使用过程中资金的占用,工程材料费用,二次搬运费用、暂设工程材料费、工具等内容。

65. 按材料核算的考核指标可划分为哪两种?

(1)货币核算

一般称为会计核算,是以货币形式考核材料供应和使用过程经济效果的方法。

(2)实物核算

一般称为业务核算,是以所核算材料的实物计量单位为表现形式的核算方法,反映企业经营中的实物量节超效果。

66. 工程费用的组成内容有哪些?

建筑安装工程费,按国家现行有关文件规定,由直接费、间接费和法定利润组成。现行的施工独立费中的各项费用属于直接费性质的并入其他直接费;属于间接费性质的并入其他间接费;属于其他费用性质的列为工程建设其他费用。即:

(1)直接费

由人工费、材料费、施工机械使用费,和其他直接费组成。直接费的内容:

1)人工费。指按应列入预算定额的直接从事建筑安装工程的施工工人和附属生产单位工人的人工数,与相应的基本工资、附加工资和工资性质的津贴计算的费用。

2)材料费。指按应列入概算定额的材料、构件、零件和半成品的用量,以及周转材料的摊销量和相应的预算价格计算的费用。

3)施工机械使用费。指应列入概算定额的施工机械台班量和台班费用按定额计算的建筑安装工程施工和机械使用费、其他机械使用费和施工机械进出场费。台班费的内容包括基本折旧和大修理折旧,中小修费、替换设备、工具及附加费,润滑及擦拭材料费,安装拆卸及辅助设施费,管理费、驾驶人员的基本工资、附加工资和工资性质的津贴,动力和燃料费,施工运输机械的养路费,车船使用税等。

4)其他直接费。指概算定额分项中和间接费定额规定以外的现场施工生产用水、蒸汽,冬雨期施工增加费,夜间施工增加费,流动施工津贴,特殊地区(仅限原始森林地区、海拔 2000m 以上的高原地区)施工增加费、铁路、公路工程行车干扰费,送电工程干扰通讯保护措施费,特殊工程技术培训费,因场地狭小等特殊情况而发生的材料二次搬运费等。

(2)间接费

由施工管理费和其他间接费组成。

1)施工管理费。包括:工作人员工资;生产工人辅助工资;工资附加费;办公费;差旅交通费;固定资产使用费;工具用具费;劳动保护费;检验试验费;职工教育经费;利息支出;其他费用,指上述项目以外的其他必要的费用支出,包括定额测定、预算定额编制管理、定位复测、工程点交、场地清理、现场照明、支付临时工劳动力管理费等。

远地施工时(指超过施工管理费一般考虑的范围)一般工业与民用建筑安装工程,可适当增加施工管理费。

2)其他间接费。包括临时设施费,指施工企业为进行建筑安装工程施工所必需的生活和生产用的临时建筑物和其他临时设施费用等;临时设施费用包括:临时设施搭设、维修、拆除费或摊销费,以及施工期间专用公路养护费、护修费;劳保支出:指国营施工企业在福利基金支出以外,按劳保条例规定的退休职工,离休干部的费用和 6 个月以上的病假工资,及按照上述职工工资提取的职工福利基金。年实际支出大于收入时,在施工企业税前利润中支付,其盈余部分列入营业外收入。

(3)法定利润

指按照国家规定的法定利润率计取利润。

67. 工程成本的一般核算是指什么？

工程成本的核算,是对企业已完工程的成本水平,执行成本计划的情况进行比较,全面而又概略的分析。工程成本按其在成本管理中的作用有3种表现形式：

(1)预算成本

系根据构成工程造价的各个要素,按统一规定编制施工图预算的方法,来确定工程的预算成本和工程造价,是考核企业成本水平的重要标尺,也是结算工程价款、计算工程收入的重要依据。

(2)计划成本

企业为了加强成本管理,在施工生产过程中有效地控制生产耗费,所确定的工程计划成本。计划成本是根据施工图预算,结合单位工程的施工组织设计和技术组织措施计划、管理费用计划确定。它是结合企业实际情况确定的工程成本控制额,是企业降低消耗的奋斗目标,是控制和检查成本计划执行情况的依据。

(3)实际成本

即企业完成建筑安装工程实际应计入工程成本各项费用的总额。它是企业生产耗费在工程上的综合反映,是影响企业经济效益高低的重要因素。

68. 工程成本材料费的核算是指什么？

建筑安装工程材料费的核算,主要依据建筑安装工程概算定额和地区材料预算价格及材料调价。因而在工程材料费的核算管理上,也反映在这两个方面：一是建筑安装工程预算定额规定的材料定额消耗量与施工生产过程中材料实际消耗量之间的"量差"；二是地区材料预算价格规定的材料价格与实际采购供应材料价格之间的"价差"。工程材料成本的盈亏主要核算这两个方面。

(1)材料的量差

材料部门应按照定额供料,分单位工程记账,分析节约与超支,促进材料的合理使用,降低材料消耗水平。做到对工程用料、临时设施用料、非生产性其他用料,区别对象划清成本项目。对属于费用性开支非生产性用料,要按规定掌握,不能记入工程成本。对供应两个以上工程同时使用的大宗材料,可按定额及完成的工程量进行比例分配,分别记入单位工程成本。

为了抓住重点,简化基层实物量的核算,根据各类工程用料特点,结合班组核算情况,可选定占工程材料费用比重较大的主要材料,如土建工程中的钢材、木材、水泥、砖瓦、砂、石、石灰等按品种核算分析,施工队建立分工号的实物台账,一般材料则按类核算,掌握队、组用料节超情况,从而找出定额与实耗的量差,为企业进行经济活动分析提供资料。

(2)材料的价差

材料价差的发生,要区别供料方式,供料方式不同,其处理方法也不同。由建设单位供料,按地区材料预算价格向施工单位结算,价格差异则发生在建设单位,由建设单位负责核算。施工单位实行包料、按施工图预算包干的,价格差异发生在施工单位,由施工单位材料部门进行核算。所发生的材料价格差异按有关规定列入工程成本,预算包干费或三差费另向建设单位收取。

其他耗用材料,如属机械使用费、施工管理费、其他直接费开支的用料,也由材料部门负责采购、供应、管理和核算。

69.材料采购核算是指什么?

材料采购的核算,是以材料采购预算成本为基础,与实际采购成本相比较,核算其成本降低或超耗程度。

(1)材料采购实际价格

材料采购实际成本是材料在采购和保管过程中所发生的各项费用的总和。它是由材料原价、供销部门手续费、包装费、运杂费、采购保管费五方面因素构成的。组成实际价格的五个内容,任何一方面,都会直接影响到材料实际成本的高低,进而影响工程成本的高低。因此,在材料采购及保管过程中,力求节约,降低材料采购成本是材料采购核算的重要环节。

通常市场供应的材料由于货源来自各地,产品成本不一致,运输距离不等,质量情况也有上下,为此在材料采购或加工订货时,要注意材料实际成本的核算,做到在采购材料时作各种比较,即:同样的材料比质量;同样的质量比价格;同样的价格比运距;最后核算材料成本,尤其是地方大宗材料的价格组成,运费占主要成分,尽量做到就地取材,对减少运输及管理费用尤为重要。

按材料实际价格计价,是指对每一材料的收发、结存数量,都按其在采购(或委托加工、自制)过程中所发生的实际成本计算单价。其优点是能反映材料的实际成本,准确地核算工程产品材料费用,缺点是每批材料由于买价和运距不等,使用的交通运载工具也不一致,运杂费的分摊十分繁琐,常使库存材料的实际平均单价发生变化,会使日常的材料成本核算工作十分繁重,往往影响核算的及时性。通常,按实际成本计算价格,采用"先进先出法"或"加权平均法"等。

1)先进先出法 是指同一种材料每批进货的实际成本如各不相同时,按各批不同的数量及价格分别记入账册。在发生领用时,以先购入的材料数量及价格先计价核算工程成本,按先后程序依此类推。

2)加权平均法 是指同一种材料在发生不同实际成本时,按加权平均法求得平均单价,当下一批进货时,又以余额(数量及价格)与新购入的数量、价格进行新的加权平均计算,得出的平均价格。

(2)材料预算(计划)价格

材料预算价格是由地区建筑主管部门颁布的,以历史水平为基础,并考虑当前和今后的变动因素,预先编制的一种计划价格。

材料预算价格是地区性的,是根据本地区工程分布、投资数额、材料用量,材料来源地、运输方法等因素综合考虑,采用加权平均的计算方法确定的。同时对其使用范围也有明确规定,在地区范围以外的工程,则应按规定增加远距离的运费差价。材料预算价格包括从材料来源地起,到施工现场的工地仓库或材料堆放场地为止的全部价格。材料预算价格由下列五项费用组成:材料原价;供销部门手续费;包装费;运杂费;采购及保管费。

材料预算价格的计算公式:

$$\text{材料预算价格} = \left(\text{材料原价} + \text{供销部门手续费} + \text{包装费} + \text{运杂费}\right) \times \left(1 + \text{采购及保管费率}\right) - \text{包装品回收值}$$

(3)材料采购成本的考核

材料采购成本可以从实物量和价值量两方面进行考核。单项品种的材料在考核材料采购成本时,可以从实物量形态考核其数量上的差异。但企业实际进行采购成本考核,往往是分类或按品种综合考核价值上的"节"与"超"。通常有如下两项考核指标。

1)材料采购成本降低(超耗)额

$$\text{材料采购成本降低(超耗)额} = \text{材料采购预算成本} - \text{材料采购实际成本}$$

式中材料采购预算成本为按预算价格事先计算的计划成本支出;材料采购实际成本是按实际价格事后计算的实际成本支出。

2)材料采购成本降低(超耗)率

$$\text{材料采购成本降低(超耗)率(\%)} = \frac{\text{材料采购成本降低(超耗)额}}{\text{材料采购预算成本}} \times 100\%$$

通过此项指标,考核成本降低或超耗的水平和程度。

70. 材料消耗量核算是指什么?

现场材料使用过程的管理,主要是按单位工程定额供料和班组耗用材料的限额领料管理。前者是按概算定额对在建工程实行定额供应材料;后者是在分部分项工程中以施工定额对施工队伍限额领料。施工队伍实行限额领料,是材料管理工作的落脚点,是经济核算、考核企业经营成果的依据。

实行限额领料的好处很多,它有利于加强企业经营管理,提高企业管理水平;有利于合理地有计划地使用材料;有利于调动企业广大职工的积极性,是增产节约的重要手段。实际限额领料,就是要使队伍在使用材料时养成"先算后用"和"边用边算"的习惯,克服"先用后算"或者是"只用不算"的弊病。

检查材料消耗情况,主要是用材料的实际消耗量与定额消耗量进行对比,反映材料节约或浪费情况。由于材料的使用情况不同,因而考核材料的节约或浪费的方法也不相同,现就几种情况分别叙述如下:

(1)核算某项工程某种材料的定额与实际消耗情况

计算公式如下:

$$\text{某种材料节约(超耗)量} = \text{某种材料定额耗用量} - \text{该项材料实际耗用量}$$

上式计算结果为正数,则表示节约;反之计算结果为负数,则表示超耗。

$$\text{某种材料节约(超耗)率} = \frac{\text{某种材料节约(超耗)量}}{\text{该种材料定额耗用量}} \times 100\%$$

同样,式中正百分数表示节约率;负百分数表示超耗率。

(2)核算多项工程某种材料消耗情况

其节约或超支的计算式同上,但某种材料的计划耗用量,即定额要求完成一定数量建筑安装工程所需消耗的材料数量的计算式应为:

某种材料定额耗用量 = Σ(材料消耗定额 × 实际完成的工程量)

(3)核算一项工程使用多种材料的消耗情况

建筑材料有时由于使用价值不同,计量单位各异,不能直接相加进行考核。因此,需要利用材料价格作为同度量因素,有消耗量乘材料价格,然后加总对比。公式如下:

$$\text{材料节约(+)或超支(-)额} = \Sigma \text{材料价格} \times (\text{材料实耗量} - \text{材料定额消耗量})$$

(4)检查多项分项工程使用多种材料的消耗情况

这类考核检查,适用以单位工程为单位的材料消耗情况,它既可了解分部分项工程以及各单位材料的定额执行情况,又可综合分析全部工程项目耗用材料的效益情况。

四、建筑材料

1. 常用五种水泥的名称、强度等级、标准代号、特性是什么?

表 4-1

名 称	标准代号	强度等级	特 性 优 点	特 性 缺 点
硅酸盐水泥	P.Ⅰ P.Ⅱ	42.5 42.5R 52.5 52.5R 62.5 62.5R	1. 强度等级高 2. 快硬、早强 3. 抗冻性好、耐磨性和不透水性强	1. 水化热高 2. 抗水性差 3. 耐蚀性差
普通硅酸盐水泥 (普通水泥)	P.O	42.5 42.5R 52.5 52.5R	与硅酸盐水泥相比、性能基本相同,仅有如下改变: 1. 抗冻、耐磨性稍有下降 2. 早期强度增进率略有减少 3. 抗硫酸盐侵蚀能力有所增强	
矿渣硅酸盐水泥 (矿渣水泥)	P.S	32.5 42.5 52.5	1. 水化热低 2. 抗硫酸盐侵蚀性好 3. 蒸汽养护有较好效果 4. 耐热性较好	1. 早期强度低、后期强度增进率大 2. 保水性养 3. 抗冻性差
火山灰质硅酸盐水泥 (火山灰水泥)	P.P	32.5R 42.5R 52.5R	1. 保水性好 2. 水化热低 3. 抗硫酸盐侵蚀性好	1. 需水性、干缩性大 2. 早期强度低、后期强度增进率大 3. 抗冻性差
粉煤灰硅酸盐水泥 (粉煤灰水泥)	P.F		1. 水化热低 2. 抗硫酸盐侵蚀性好 3. 能改善砂浆和混凝土的和易性	1. 早期强度低,而后期强度增进率大 2. 抗冻性差

2. 常用五种水泥的技术指标是什么？

表 4-2

品　　种	强度等级	抗压强度(MPa) 3d	抗压强度(MPa) 28d	抗折强度(MPa) 3d	抗折强度(MPa) 28d
硅酸盐水泥	42.5	17.0	42.5	3.5	6.5
	42.5R	22.0	42.5	4.0	6.5
	52.5	23.0	52.5	4.0	7.0
	52.5R	27.0	52.5	5.0	7.0
	62.5	28.0	62.5	5.0	8.0
	62.5R	32.0	62.5	5.5	8.0
普通水泥	42.5	17.0	42.5	3.5	6.5
	42.5R	22.0	42.5	4.0	6.5
	52.5	23.0	52.5	4.0	7.0
	52.5R	27.0	52.5	5.0	7.0
矿渣水泥、火山灰水泥、粉煤灰水泥	32.5	10.0	32.5	2.5	5.5
	32.5R	15.0	32.5	3.5	5.5
	42.5	15.0	42.5	3.5	6.5
	42.5R	19.0	42.5	4.0	6.5
	52.5	21.0	52.5	4.0	7.0
	52.5R	23.0	52.5	4.5	7.0

3. 建筑工程中对通用水泥的选用有哪些规定？

建筑施工中对通用水泥的选用规定　　表 4-3

	混凝土工程特点或所处环境条件	优先选用	可以使用	不得使用
环境条件	在普通气候环境中的混凝土	普通水泥	矿渣水泥、火山灰水泥、粉煤灰水泥	
	在干燥环境中的混凝土	普通水泥	矿渣水泥	火山灰水泥、粉煤灰水泥
	在高湿度环境中或永远处在水下的混凝土	矿渣水泥	普通水泥、火山灰水泥、粉煤灰水泥	

续表

	混凝土工程特点或所处环境条件	优先选用	可以使用	不得使用
环境条件	严寒地区的露天混凝土、寒冷地区处在水位升降范围内的混凝土	普通水泥（强度等级≥32.5）	矿渣水泥（强度等级≥32.5）	火山灰水泥、粉煤灰水泥
	严寒地区处在水位升降范围内的混凝土	普通水泥（强度等级≥42.5）		火山灰水泥、粉煤灰水泥、矿渣水泥
	受侵蚀性环境水或侵蚀性气体作用的混凝土	根据侵蚀性介质的种类、浓度等具体条件按专门（或设计）规定选用		
工程特点	厚大体积的混凝土	粉煤灰水泥、矿渣水泥	普通水泥、火山灰水泥	硅酸盐水泥、快硬硅酸盐水泥
	要求快硬的混凝土	快硬硅酸盐水泥、硅酸盐水泥	普通水泥	矿渣水泥、火山灰水泥、粉煤灰水泥
	高强（大于C40）混凝土	硅酸盐水泥	普通硅酸盐水泥、矿渣硅酸盐水泥	火山灰水泥、粉煤灰水泥
	有抗渗要求的混凝土	普通水泥、火山灰水泥		不宜使用矿渣水泥
	有耐磨性要求的混凝土	硅酸盐水泥、普通水泥（强度等级≥32.5）	矿渣水泥（强度等级≥32.5）	火山灰水泥、粉煤灰水泥

4．其他品种水泥的名称、标号、组成和适用范围有哪些？

水泥的名称、标号、组成与适用范围　　　表4-4

名　称	标号	组　成	适用范围	注意事项
快硬硅酸盐水泥	325 375 425	凡以硅酸盐水泥熟料适量石膏磨细制成的、以3d抗压强度表示标号的水硬性胶凝材料	用于要求早期强度高的工程、紧急抢修工程及冬季施工工程	
抗硫酸盐硅酸盐水泥	325 425 525	凡以适当成分的生料，烧至部分熔融，所得的以硅酸钙为主的特定矿物组成的熟料，加入适量石膏，磨细制成的具有一定抗硫酸盐侵蚀性能的水硬性胶凝材料	用于硫酸盐侵蚀的海港、水利、地下、隧涵、引水、道路和桥梁基础等工程	

续表

名 称	标号	组 成	适用范围	注意事项
白色硅酸盐水泥	325 425 525 625	由白色硅酸盐水泥熟料加入适量石膏,磨细制成的水硬性胶凝材料	适用于建筑物内外表面的装饰工程;配制彩色人造大理石、水磨石等	使用时严禁混入其他物质,搅拌、运输等工具必须清洗干净,以免影响白度
高铝水泥	425 525 625 725	凡以铝酸钙为主,氧化铝含量约为50%的熟料,磨制的水硬性胶凝材料	适用于抢修及需早强的工程;冬季施工及防水耐硫酸盐腐蚀的工程	不宜高温施工,不宜蒸汽养护,施工时不得与石灰和硅酸盐类水泥混合
低热膨胀水泥	325 425	凡以粒化高炉矿渣为主要组分,加入适量硅酸盐水泥熟料和石膏,磨细制成的具有低热和微膨胀性能的水硬性胶凝材料	适用配制防水砂浆、混凝土,可用于结构加固、接缝修补、及机械底座、地脚螺栓等	
砌筑水泥	125 175 225	凡以活性混合材料或具有水硬性的工业废料为主要原材料,加入少量硅酸盐水泥熟料和石膏,经过磨细制成的水硬性胶凝材料	适用于建筑工程中的砌筑砂浆和内墙抹面砂浆	不得用于钢筋混凝土结构和构件
复合硅酸盐水泥①	325 425 425R 525 525R	凡由硅酸盐水泥熟料、两种或两种以上规定的混合材料、适量石膏磨细制成的水硬性胶凝材料	适用于配制一般混凝土和砌筑、粉刷用的砂浆	不宜用于耐腐蚀工程
快硬硫铝酸盐水泥	425 525 625	凡以适当成分的生料,经煅烧所得以无水硫铝酸钙和硅酸二钙为主要矿物成分的熟料,加入适量石膏磨细制成的早期强度高的水硬性胶凝材料	适于配制早强、抗冻、抗渗和抗硫酸盐侵蚀混凝土,并适用于冬季(负温)施工及浆锚、抢修、堵漏等工程	施工时(夏季)应及时保湿养护;不得用于温度经常处于100℃以上的混凝土工程,使用时不得与石灰及其他品种水泥混合
无收缩快硬硅酸盐水泥	525 625 725	凡以硅酸盐水泥熟料与适量二水石膏和膨胀剂共同粉磨制成的具有快硬、无收缩性能的水硬性胶凝材料、又称"建筑水泥"	适用于抢修、修补及结构加固工程;预制梁、板接头和预制构件拼装接头;大型机械底座及地脚螺栓的固定	除一般硅酸盐水泥外,不得与其他品种水泥混合使用、运输。贮存中须严防受潮

107

续表

名称	标号	组成	适用范围	注意事项
Ⅰ型低碱度硫铝酸盐水泥	325 425 525	是以无水硫铝酸钙为主要成分的硫铝酸盐水泥熟料,配以一定量的硬石膏磨细而成,具有碱度较低特性的水硬性胶凝材料	适用于碱度要求低的工程	

①国家标准《复合硅酸盐水泥》(GB 12958—1999)已将水泥标号改为强度等级,其强度等级分为 32.5、32.5R、42.5、42.5R、52.5、52.5R。

5．水泥的验收方法是什么？

1)水泥到货后应核对纸袋上工厂名称,水泥品种强度等级(或标号)、水泥代号、包装年、月、日和生产许可证编号,然后点数。

2)水泥的 28d 强度值在水泥发出日起 32d 内由发出单位补报。收货仓库接到此试验报告单后,应与到货通知书等核对品种、强度等级和质量,然后保存此报告单,以备查考。

3)袋装水泥一般每袋净重为(50±1)kg。但快凝快硬硅酸盐水泥每袋净重为(45±1)kg,砌筑水泥为(40±1)kg,硫铝酸盐早强水泥为(46±1)kg,验收时应特别注意。

6．水泥在运输、保管中应注意哪些问题？

1)水泥在运输与保管时不得受潮和混入杂物,不同品种和强度等级(或标号)的水泥应分别贮运。

2)贮存水泥的库房应注意防潮、防漏。存放袋装水泥时,地面垫板要离地 30cm,四周离墙 30cm;袋装水泥堆垛不宜太高,以免下部水泥受压结硬,一般以 10 袋为宜,如存放期短、库房紧张,亦不宜超过 15 袋。

3)水泥的贮存应按照水泥到货先后,依次堆放,尽量做到先存先用。

4)水泥贮存期不宜过长,以免受潮而降低水泥强度。贮存期一般水泥为 3 个月,高铝水泥为 2 个月,快硬水泥为 1 个月。

7. 水泥存放超过 3 个月,使用前有哪些要求?

一般水泥存放 3 个月以上为过期水泥,强度将降低 10%～20%,存放期愈长,强度降低值也愈大。过期水泥使用前必须重新检验强度等级,否则不得使用。

8. 对受潮水泥应如何处理?

受潮水泥的处理和使用办法　　　　表 4-5

受潮程度	处理方法	使用办法
有松块、小球,可以捏成粉末,但无硬块	将松块、小球等压成粉末,用时加强搅拌	经试验后根据实际强度等级使用
部分结成硬块	筛去硬块,并将松块压碎	①经试验后根据实际强度等级使用 ②用于不重要、受力小部位 ③用于砌筑砂浆
硬块	将硬块压成粉末,掺入 25% 硬块重量的新鲜水泥做强度试验	经试验后根据实际强度等级使用

9. 什么是集料?

集料,是建筑砂浆及混凝土主要组成材料之一。起骨架及减小由于胶凝材料在凝结硬化过程中干缩湿涨所引起体积变化等作用,同时还可作为胶凝材料的廉价填充料。在建筑工程中集料有砂、卵石、碎石、煤渣(灰)等。

10. 砂是如何分类的?

粒径在 5mm 以下的岩石颗粒,称为天然砂,其粒径一般规定 0.15～0.5mm,按产地不同,天然砂可分为河砂、海砂、山砂。河砂比较洁净、分布较广,一般工程上大部分采用河砂。

根据砂的细度模数不同,可分为粗砂(3.7~3.1);中砂(3.0~2.3);细砂(2.2~1.6);特细砂(1.5~0.7)。

11. 对砂中的含泥量和泥块含量是如何规定的?

(1)含泥量:砂的含泥量(即粒径小于 0.080mm 的尘屑、淤泥和粘土的总含量)应符合表 4-6 的规定。

砂中的含泥量　　　　　　表 4-6

混凝土强度等级	≥C60	C55~C30	≤C25
含泥量,按质量计,不大于(%)	2.0	3.0	5.0

注:对有抗冻、抗渗或其他特殊要求的小于或等于 C25 混凝土用砂,其含泥量不应大于 3.0%。

(2)泥块含量:砂中粒径大于 1.25mm,经水洗后,用手捏变成小于 0.63mm 的颗粒含量。见表 4-7。

砂中的泥块含量　　　　　　表 4-7

混凝土强度等级	≥C60	C55~C30	≤C25
泥块含量,按质量计,不大于(%)	0.5	1.0	2.0

注:对有抗冻、抗渗或其他特殊要求的小于或等于 C25 混凝土用砂,其泥块含量不应大于 1.0%。

12. 石子是如何分类的?

岩石由自然条件而形成的,粒径大于 5mm 的颗粒称卵石。

岩石由机械加工破碎而成的,粒径大于 5mm 的颗粒称碎石。

按使用类型有 10mm、16mm、20mm、25mm、31.5mm、40mm。

13. 对石子中的含泥量和泥块含量是如何规定的?

(1)含泥量

碎石或卵石中的含泥量(即颗粒小于 0.080mm 的尘屑,淤泥和粘土的总含量,下同)应符合表 4-8 的规定,但不宜含有块状粘土。

碎石或卵石中的含泥量　　　　　表 4-8

混凝土强度	≥C60	C55~C30	≤C25
含泥量,按重量计,不大于(%)	0.5	1.0	2.0

注：①对有抗冻、抗渗或其他特殊要求的混凝土,其所用碎石或卵石的含泥量不应大于1.0%。
　　②如含泥基本上是非粘土质的石粉时,其总含量可由0.5%、1.0%及2.0%分别提高到1.0%、1.5%和3.0%。

(2)泥块含量

石子中粒径大于5mm,经水洗后,用手捏变成小于2.5mm的颗粒含量,见表4-9。

碎石或卵石中的泥块含量　　　　　表 4-9

混凝土强度等级	≥C60	C55~C30	≤C25
泥块含量按重量计(%)	0.2	≤0.5	≤0.7

有抗冻、抗渗和其他特殊要求的强度等级小于C30的混凝土,其所用碎石或卵石的泥块含量不应大于0.5%。

14. 砂子、石子贮运中应注意哪些问题？

砂子在装卸、运输和堆放过程中,应防止离析和混入杂质,并应按产地、种类和规格分别堆放。

碎石或卵石在运输、装卸和堆放过程中应防止颗粒离析和混入杂质,并应按产地、种类和规格分别堆放。堆料高度不宜超过5m。但对单粒级或最大粒径不超过20mm的连续粒级、堆料高度可增加到10m。

15. 什么是轻集料？它是如何分类的？

轻集料一般用结构或结构保温用混凝土,表观密度轻,保温性能好的轻骨料也可用于保温轻混凝土。

凡集料的粒径在5mm以上、松散密度小于1000kg/m³者,称为轻粗集料。粒径小于5mm、松散密度小于1200kg/m³者,称为轻细集料(又称轻砂)。

16. 轻集料按原材料来源可划分为几类?

(1)工业废料轻集料

以工业废料为原材料,经加工而成的轻集料,如粉煤灰陶粒、煤矸石陶粒、膨胀矿渣珠、自然煤矸石、煤渣等。

(2)天然轻集料

以天然形成的多孔岩石经加工而成的轻集料,如浮石、火山渣、多孔凝灰岩等。

(3)人工轻集料

以地方材料(如页岩、粘土等)为原料,经加工而成的轻集料,如页岩陶粒、粘土陶粒、膨胀珍珠岩等。

17. 混凝土中碱骨料反应发生的三个条件是什么?

(1)确是碱活性骨料;

(2)混凝土当量 Na_2O 和总的碱含量(确切说应是有害碱)超过限制;

(3)在水不断作用的环境中。

18. 建筑混凝土中碱骨料反应会经常发生吗?

因为碱骨料反应发生的三个必要条件是:①确是碱活性骨料;②混凝土当量 Na_2O 和总的有害碱含量超过限制;③在水不断作用的环境中,所以建筑物中的梁、板、柱很难发生碱骨料反应。

19. 对待碱骨料反应问题,国外是怎样做的?

在法国真正负责碱骨料反应问题的,只有几个人,不需要广大企业参与。法国混凝土研究中心,普查了法国全境内的骨料情况,负责向所有用户回答有关碱骨料反应问题。

20. 什么是外加剂？

混凝土外加剂是在拌制混凝土过程中掺入的用以改善混凝土各种性能的化学物质。

21. 外加剂分为哪几类？

(1)普通及高效减水剂

减水剂可用于现浇或预制的混凝土、钢筋混凝土及预应力混凝土。普通减水剂宜用于日最低气温5℃以上施工的混凝土,不宜单独用于蒸养混凝土。高效减水剂可用于日最低气温0℃以上施工的混凝土,并适用于制备大流动性混凝土,高强混凝土以及蒸养混凝土。

(2)引气剂及引气减水剂

引气剂及引气减水剂,可用于抗冻混凝土、防渗混凝土、抗硫酸盐混凝土、泌水严重的混凝土、贫混凝土、轻集料混凝土以及对饰面有要求的混凝土。

引气剂不宜用于蒸养混凝土及预应力混凝土。

(3)缓凝剂及缓凝减水剂

缓凝剂及缓凝减水剂,可用于大体积混凝土、炎热气候条件下施工的混凝土以及需长时间停放或长距离运输的混凝土。缓凝剂及缓凝减水剂不宜用于日最低5℃以下施工的混凝土,也不宜单独用于有早强要求的混凝土及蒸养混凝土。

(4)早强剂及早强减水剂

早强剂及早强减水剂,可用于蒸养混凝土及常温、低温和负温(最低气温不低于-5℃)条件下施工的有早强或防冻要求的混凝土工程。

(5)防冻剂

1)分类:

①氯盐类:用氯盐(氯化钙、氯化钠)或以氯盐为主的与其他早强剂、引气剂、减水剂复合的外加剂。

②氯盐阻锈类:氯盐与阻锈剂(亚硝酸钠)为主复合的外加剂。

③无氯盐类:以亚硝酸盐、硝酸盐、碳酸盐、乙酸钠为主复合的外加剂。

2)适用范围:

防冻剂可用于负温条件下施工的混凝土。

(6)膨胀剂

1)分类:

①硫铝酸钙类:如明矾石膨胀剂、CSA 膨胀剂等;

②氧化钙类:如石灰膨胀剂;

③氧化钙——硫铝酸钙类:如复合膨胀剂;

④氧化镁类:如氧化镁膨胀剂;

⑤金属类:如铁屑膨胀剂。

2)膨胀剂的使用目的和适用范围:

见表 4-10。

膨胀剂的使用目的和适用范围　　　　表 4-10

膨胀剂种类	膨 胀 混 凝 土 (砂浆)		
	种　类	使用目的	适用范围
硫铝酸钙类、氧化钙类,氧化钙—硫铝酸钙类、氧化镁类	补偿收缩混凝土(砂浆)	减少混凝土(砂浆)干缩裂缝,提高抗裂性和抗渗性	屋面防水,地下防水,贮罐水池,基础后浇缝,混凝土构件补强,防水堵漏,预填集料混凝土以及钢筋混凝土,预应力钢筋混凝土等
	填充用膨胀混凝土(砂浆)	提高机械设备和构件的安装质量,加快安装速度	机械设备的底座灌浆,地脚螺栓的固定,梁柱接头的浇注,管道接头的填充和防水堵漏等
	自应力混凝土(砂浆)	提高抗裂及抗渗性	仅用于常温下使用的自应力钢筋混凝土压力管

22. 预制梁在吊装、运输、堆放时要注意哪些问题？

1）梁的混凝土强度必须≥混凝土设计强度的75%时，方可出池起吊、运输和堆放。

2）吊装、运输或堆放时应直立，不得倒置或侧放，运输时要采取有效措施，防止构件跳动或倾倒。

3）构件堆放的场地需要平整夯实，垫通长垫木两根，使梁与地面之间留有一定的空隙，并有排水措施。梁上的垫木应高于梁上吊环，并放置在吊环附近，上下对齐。堆放高度以不损坏构件为原则，梁端、梁面伸出钢筋可适当弯折，以利于堆放。

4）梁的混凝土强度达到设计要求后才能进行安装，否则，应采取临时的有效加强措施，确保构件安全。

23. 预制圆孔板堆放、运输、吊装时应注意哪些问题？

1）堆放场地要平整夯实，堆放时板与地面之间留有一定的空隙，并有排水措施。垫木应放在离板端约300mm处，垫平垫实，不得有一角脱空现象，且上、下垫土需对齐，堆放高度一般不超过10块。

2）运输时板的堆放要求同1），并应绑扎牢固，以防移动、跳动或倾倒。在板的边部或与绳索接触处的混凝土应采用衬垫加以保护。

3）板起吊时要保证各吊点均匀受力，使板面保持水平状态，吊点可设在离板端200~300mm处。

24. 什么是黑色金属？

黑色金属材料是指铁、铬、锰及其合金。如：生铁、铁合金、钢和钢材，这些统称为黑色金属材料。

黑色金属主要有生铁和碳钢两大类：

（1）生铁

生铁是指含碳量大于2.11%的铁碳合金，所含杂质也较多。

大约有80%用来炼钢,20%用来铸造铸铁件。

(2)碳钢

碳钢是含碳量小于2.11%的铁碳合金,含杂质也比较少,其机械性能和工艺性能均比生铁好。

25. 钢按冶炼方法是如何分类的?

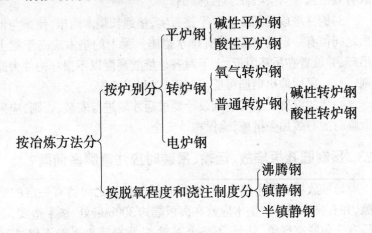

26. 钢按化学成分是如何分类的?

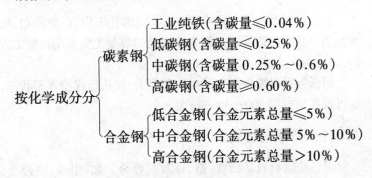

27. 钢按用途是如何分类的?

- 按用途分
  - 建筑及工程用钢
    - 碳素结构钢
    - 低合金结构钢
    - 钢筋钢
  - 机械制造用结构钢
    - 表面硬化结构钢
    - 调质结构钢
    - 易切结构钢
    - 冷变形用钢
      - 冷冲压用钢
      - 冷镦用钢
      - 冷挤压用钢
    - 弹簧钢
    - 轴承钢
  - 工具钢
    - 刃具钢
    - 量具钢
    - 模具钢(模子钢)
  - 特殊性能钢
    - 不锈耐酸钢
    - 耐热钢
    - 耐磨钢
    - 低温用钢
    - 电工用硅钢及电工用纯铁
    - 高温合金、精密合金
  - 专业用钢
    - 锅炉用钢
    - 桥梁用钢
    - 船舶用钢
    - 压力容器用钢

28. 钢按质量是如何分类的?

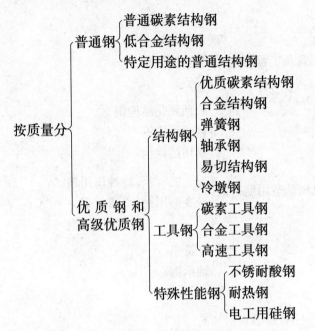

29. 普通钢、优质钢、高级优质钢的区别是什么?

普通钢——含硫≤0.055%、含磷≤0.045%

优质钢——硫、磷含量均≤0.04%

高级优质钢——含硫≤0.030%,含磷≤0.035%

30. 什么是不锈钢和不锈耐酸钢?

不锈钢是指能够抵抗大气及弱腐蚀介质(如水、水蒸气等)的钢。不锈钢并不是绝对不生锈,在一定条件下也会生锈,只不过在一般情况下生锈量极少,生锈过程很缓慢。

不锈耐酸钢是指能够抵抗强腐蚀性介质(如酸、碱、盐溶液)腐蚀的钢。

因此,不锈钢不一定耐酸,但不锈耐酸钢都具有良好不锈性能。

31. 不锈钢不易生锈的原因是什么？

不锈钢之所以不易生锈，其原因有以下几个方面：

1) 不锈钢的含铬量都很高，基本上都大于 12%。含铬量越高，金属的电极电位也高，而高电位的金属不容易生锈。

2) 不锈钢有均匀的内部组织，一般为均匀的、单一的固溶体组织。金属内部的组织结构越均匀、单一，在金属的内部越不容易产生电位差，因而也就不容易形成腐蚀。

3) 不锈钢的表面有一层致密的氧化膜，如 Cr_2O_3 薄膜，这层膜极薄而且均匀，又被称为"钝化膜"，不但本身不易与外界物质发生化学反应，而且这层坚固、连续、稳定的"钝化膜"也保护了整个金属本身，使腐蚀不致向金属内部蔓延，从而使金属不容易生锈。

32. 不锈钢的牌号是怎样划分的？

1) 不锈钢牌号中各种合金元素采用国际化学元素符号表示。

2) 合金元素的平均含量小于 1.50% 时，不锈钢的牌号中只标明合金元素符合，其含量不予标出；当合金元素的含量大于或等于 1.50% 时，则标出合金元素的平均含量。

3) 不锈钢的含碳量一般都比较少，采用一位数字表示，以千分之几计；平均含碳量不到千分之一的用"0"表示；当含碳量小于或等于 0.03% 的用"00"表示。

例如：0Cr13 表示含碳量 <0.10%，含铬量平均为 13% 的不锈钢；00Cr18Ni10 表示含碳量 <0.03%，含铬量平均为 18%，含镍量平均为 10% 的不锈钢；3Cr13 表示平均含碳量为 0.30%，含铬量平均为 13% 的不锈钢；1Cr18Ni9Ti，表示含碳量为 0.10%，含铬、镍、钛各为 18%、9%、1% 的不锈钢，该不锈钢是有名的、应用广泛的耐高温、耐酸碱腐蚀的不锈钢。

33. 常用不锈钢有哪些品种？

1) 铬不锈钢　常用的牌号有 1Cr13、2Cr13、3Cr13、4Cr13 等，

由于含碳量范围宽、含量高,有较高的强度,相对来说耐蚀性较低。多用于耐大气、水蒸汽及海水等介质中工作的零部件。3Cr13、4Cr13 经淬火和低温回火后,用于外科手术工具。

2)铬镍不锈钢 常用牌号有 0Cr18Ni9、1Cr18Ni9、1Cr18Ni9Ti 等,这类钢的耐蚀性好,能耐硝酸、碱等介质的腐蚀,并有良好的常温及低温韧性及冷加工、焊接等性能,也常用作低温钢和无磁钢。1Cr18Ni9Ti 还大量用于制造航空发动机耐热部位的螺钉、螺帽等零件,是航空工业应用相当广泛的一种不锈钢。

3)铬锰氮不锈钢 常用的牌号有 1Cr17Mn6Ni5N、1Cr18Mn8Ni5N、1Cr15Mn15Ni2N 等,是为了节约镍而研制的不锈钢。它们在海水、碱溶液、硝酸等介质中,都有很好的耐蚀性。这些以锰、氮代镍的钢种,还有屈服强度高于铬镍不锈钢的优点,在一定条件下可代替铬镍不锈钢。

34. 钢材的类别、品种有哪些?

钢经过压力加工制成各种断面形状的成材统称钢材。钢材的品种繁多,根据断面形状特点,可归纳为四大类,即型材、板材、管材和金属制品四种类型。为了便于组织分配、订货等工作,我国目前将钢材分为 16 个大品种(见表 4-11)

钢材的类别和品种　　　　　　表 4-11

类别	品种	说明
型材	重轨	每米重量大于 30kg 的钢轨(包括起重机轨)
	轻轨	每米重量小于或等于 30kg 的钢轨
	大型型钢 中型型钢 小型型钢	用碳素结构钢和低合金钢生产的圆钢、方钢、扁钢、六角钢、工字钢、槽钢、等边及不等边角钢、螺纹钢及异形钢等。按尺寸大小分为大、中、小型型钢
	线材	直径 5~9mm 的圆钢及螺纹钢
	冷弯型钢	将钢板或钢带冷弯成型制成的型钢
	优质型材	优质钢生产的圆钢、方钢、扁钢、六角钢等
	其他钢材	包括钢轨配件、车轴坯、轮箍等

续表

类别	品种	说明
板材	厚钢板	厚度大于4mm的钢板
	薄钢板	厚度等于或小于4mm的钢板
	钢带	又叫带钢,实际上是长而窄并成卷供应的薄钢板
	电工硅钢薄板	用电工硅钢轧制的薄钢板,也叫硅钢片或矽钢片
管材	无缝钢管	用热轧或冷轧(拔)等方法生产的各种口径的无接缝钢管
	焊接钢管	用钢板或钢带经过卷曲成型,然后焊制成的直焊缝或螺旋焊缝管
金属制品	金属制品	包括钢丝、钢丝绳、钢绞线

35. 热轧圆钢、方钢、扁钢常用规格有哪些?

(1) 热轧圆钢

主要用于建筑中的钢筋、天桥栏杆、门窗护栏及制造各种螺栓、螺帽、销子、铆钉、套杆、连杆、轴、缝纫机零件、农机配件等。

圆钢直径:小型<38mm;中型38~80mm;大型>80mm。

通常定尺长度为6m、8m、9m,短尺长度4m、2.5m,短尺交货量不得超过该批总重量的10%。

(2) 热轧方钢

主要用于厂房扶梯、阳台的栏杆、花园外墙栏杆及制造方头螺栓、螺帽、铁路道钉、机械零件等。

方钢的边长及长度与圆钢的直径及长度大体相同。

(3) 热轧扁钢

主要用于建筑工程中的厂房、工房楼梯、阳台护栏、马路及花园绿化栏杆、电线输送托架、铁门结构、轮船骨架及制造机械配件、五金零件、农机零件等。

根据规定,小型扁钢的宽度<60mm;中型扁钢的宽度60~100mm;大型扁钢的宽度>100mm。扁钢的定尺长通常为6m、8m。

36. 热轧角钢的常用规格有哪些？

等边角钢大、中、小型规定：
小型：边宽 20~45mm(2~4.5 号)
中型：边宽 50~140mm(5~14 号)
大型：边宽≥150mm(15 号以上)

不等边角钢的号数是用长边宽度厘米数比上短边宽度厘米数，如长边宽度 16cm，短边宽度 10cm 的不等边角钢称为 16/10 号角钢。

不等边角钢大、中、小型规定：
小型：边宽 mm：(30×20)~(45×30)；
中型：边宽 mm：(60×40)~(130×90)；
大型：边宽 150mm×100mm 以上。

等边角钢和不等边角钢通常定尺长度为 8m、9m、10m、12m 等。

37. 热轧槽钢、工字钢型号有哪些？

(1)热轧槽钢　广泛用于工矿厂房结构、桥梁结构、船舶结构、机械结构、履带运送机结构等。

热轧槽钢的型号是用高度的厘米数表示，尺寸规格按国际规定记高度、宽度、腰厚。

槽钢的大、中型规定(无小型)：
中型：5~16 号
大型：18~40 号

槽钢的定尺长度通常为 8m、9m、10m、12m。

(2)热轧工字钢　主要用于龙门行车横梁、冶金机械厂车间天桥行车路轨托架、厂矿房屋结构、桥梁纵向结构、船舶结构等。

热轧工字钢的型号是用高度的厘米数表示。尺寸规格按国际规定记高度、宽度和腰厚。

工字钢的大、中型规定(无小型)：

中型:10~16 号
大型:18~60 号
工字钢的定尺长度通常为 8m、10m、12m、14m 等。

38. 建筑用钢筋按加工工艺划分为哪几类？

(1)热轧钢筋
按强度划分为:Ⅰ、Ⅱ、Ⅲ、Ⅳ四个级别。
(2)热处理钢筋
(3)冷拉钢筋
(4)钢丝

39. 建筑用钢筋的级别、牌号,是如何表示的？

建筑用Ⅰ级钢筋为光圆钢筋。热轧直条光圆钢筋牌号为 Q235,表示屈服强度为 235MPa;热轧圆盘条钢筋的牌号为 Q235,表示屈服强度为 235MPa;建筑用Ⅱ级钢筋为月牙带肋钢筋。热轧带肋钢筋的牌号为 HRB335,表示屈服强度为 335MPa。钢筋的公称直径范围为 6~50mm。

40. 对热轧带肋钢筋外观质量有何要求？

钢筋表面不得有裂纹、结疤和折叠。
钢筋表面允许有凸块,但不得超过横肋的高度,钢筋表面上其他缺陷的深度和高度不得大于所在部位尺寸的允许偏差。

41. 钢材产品合格证的内容有哪些？

产品合格证的内容包括:钢种、规格、数量、机械性能(屈服点、抗拉强度、冷弯、延伸率)、化学成分(碳、磷、硅、锰、硫、钒等)的数据及结论、出厂日期、检验部门的印章、合格证的编号。合格证要求填写齐全,不得漏填或填错。同时必须填明批量。合格证必须与所进钢材种类、规格相对应。

42. 钢丝绳的特点有哪些?

钢丝绳又称钢索,具有以下特点:

1)是由多根优质碳素钢丝经过打轴、捻股、合绳等工序制成的绳状制品。

2)钢丝绳属于高效钢材,具有强度高、自重轻、挠性好、承受冲击能力强、高速运行无噪声、使用安全方便等特点。

3)钢丝绳的种类很多,但一般都是由股和芯构成。股的形状有圆股、三角股、椭圆股和扁股等;芯有天然纤维芯、合成纤维芯和金属芯三种。天然纤维芯和合成纤维芯可使钢丝绳柔软并可起贮油润滑作用,减少钢丝绳的磨损与锈蚀;用金属芯可以提高钢丝绳的填充系数和破断拉力。

钢丝绳的应用十分广泛,在各领域中应用的钢丝绳分别有一般用途钢丝绳(用于机械、运输等一般用途)、电梯用钢丝绳、航空用钢丝绳、钻深井设备用钢丝绳、架空索道及缆车用钢丝绳、起重用钢丝绳、渔业用钢丝绳、矿井提升用钢丝绳、轮胎用钢丝绳、胶带用钢丝绳等。

43. 电梯用钢丝绳的特点是什么?

1)其绳径很均匀、性能稳定、表面光洁平直、不易断丝起刺。

2)电梯用钢丝捻绳采用预变形和后变形装置,充分消除捻制时产生的内应力,不松散、不打结、不扭转,更换方便,电梯起落平稳,长期使用变形小。

3)电梯用钢丝绳为外粗式(西鲁式)线接触钢丝绳,外层钢丝较粗、强度略低而韧性较高,对电梯升降滑轮槽有保护作用,并提高了钢丝绳的安全性和耐疲劳性,使用寿命比普通钢丝绳提高两倍以上。

44. 什么叫金属的塑性变形?

金属的塑性变形是金属材料在外力(锻、轧、挤、冲)的作用下引起形状、组织、性质变化的过程,这个过程叫做金属的塑性变形。

45. 钢材塑性变形后性质有什么变化？应如何处理？

(1)塑性变形的产生

当作用在金属上的外力超过一定限度后,金属中许多晶粒内部的原子产生滑移。原子滑移越大,参加滑移的晶粒越多,塑性变形就越大。

(2)组织变化

晶格歪扭、晶粒被拉长、压扁、破碎。

(3)性质变化

金属材料在塑性变形后,它的强度、硬度增加,而塑性韧性下降。

由于金属材料塑性变形会引起材料的形状、组织、性质的变化,所以在仓库维护保管工作中一定要按材料的保管要求和方法存放。例如冷拔钢管和薄壁管适宜放在塔形货架上,防止存取划伤钢管表面,货架上应以长木板垫底,不得使管材悬空存放,以防自重力过于集中造成弯曲影响使用。钢管和六角棒如果需叠放码垛时,不宜过高,以防下层负荷过大造成变形或压扁,盘卷存放的线材、丝材缠绕的直径不宜过小等。

46. 什么叫金属的冷加工、热加工？它们有何作用？

金属在再结晶温度以下进行的压力加工叫冷压力加工,即冷加工。金属在再结晶温度以上进行的压力加工叫热压力加工,即热加工。

冷加工的作用是成型表面光洁,尺寸稳定,强化金属达到冷作硬化的目的。

热加工的作用:

(1)改善组织,提高性能

消除了材料中气泡、偏析、缺陷和裂纹,强度、韧性、塑性都有所提高。

(2)细化晶粒

在热加工中变形量愈大,变形速度愈高;变形终止温度愈低,变形终止后在再结晶温度以上的冷却速度愈高,愈能得到细小的晶粒。

(3)形成纤维状组织

热加工后金属材料各方向上的能量不一样,平行于纤维方向,所以强度、塑性、韧性均好。

47.什么叫金属的化学腐蚀、电化学腐蚀?如何防止其发生?

(1)化学腐蚀

金属在完全干燥或无电解质存在的情况下受氧化物质直接的化学作用而引起的破坏称为化学腐蚀。在腐蚀过程中没有电流产生。

(2)电化学腐蚀

金属在潮湿气体和有电解质的作用下,形成了无数的微电池,既产生化学的氧化还原反应,又产生电流。在这种电化学的作用下而引起的破坏,叫电化学腐蚀。

金属防锈(或防腐蚀),简单地说,就是用人为的方法使金属的腐蚀减缓到最低的速度。防锈主要是考虑如何防止有害性的电化学腐蚀。从这一点出发,目前采用的防锈方法主要有:

1)改变金属的内部组织结构。在冶炼和加工处理时,尽量使其内部形成单一的固溶体组织,组织越均匀、单一,其抗腐蚀性越好。

2)用化学或电化学法使黑色金属表面建立起一层非金属膜保护层,如氧化膜保护层(法兰层)、磷化膜保护层等。

3)表面建立金属镀层。用电镀法在黑色金属表面镀锌、镀铬、镀镍、镀铜、镀镉等。

48.在仓储中如何防止钢材腐蚀?

1)保护金属材料的防护层与包装,不使损坏。金属材料入库时,在装卸搬运、码垛以及保管过程中,对其防护层和外包装必须加以保护。包装已损坏者应予以修复或更换。

2) 创造有利的保管环境。选择适宜的保管场所;妥善的苫垫、码垛和密封;严格控制温湿度;保持金属材料表面和周围环境的清洁等。

3) 在金属表面涂敷一层防锈油(剂),就可以把金属表面与周围大气隔离,防止和降低了侵蚀性介质到达金属表面的能力,同时金属表面吸附了缓蚀剂分子团以后金属离子化倾向减少,降低了金属的活泼性,增加了电阻,从而起到防止金属锈蚀的作用。

4) 加强检查,经常维护保养。金属材料在保管期间,必须按照规定的检查制度,进行经常的和定期的、季节性的和重点的各种检查,以便及时掌握材料质量的变化情况。及时采取防锈措施,才能有效地防止金属材料的锈蚀。

49. 木材是怎样分类的?

(1) 按树种分

可分为针叶树材和阔叶树材两大类,针叶树属裸子植物,树叶细长如针,多为常绿树。材质较软而轻,故称软材。如松、柏、杉等;阔叶树属被子植物,树叶宽大,叶脉成网状,北方多为落叶树,南方多为常青树。材质坚硬而较重,故称硬木。如榆、栎、桦、杨等。

(2) 按用途分

可分为原条、原木和锯材三类。原条是树木伐倒后,仅砍去枝桠,但未经截断的带梢木或去梢木;原木是指原条进一步按规格尺寸加工成圆形木段,可分为直接用原木(如坑木、建筑用原木等)、加工用原木(如锯材原木、胶合板原木、造纸原木等);锯材是指加工用锯材原木进行纵横锯解之后的木材产品,包括特等锯材、普通锯材、枕木和根据不同用途而生产的特种锯材。

(3) 按材质分

可分为若干等级。根据缺陷的严重程度和不同用途对缺陷的允许限度,加工用原木分特等、一等、二等、三等;锯材也分为特等、一等、二等、三等四个等级。

在木材的经营和管理中,通常是对木材几种分类方法的综合使用,对一根或一批木材,不但要说明它的树种,而且要说明其等级、适用范围,如:一等红松加工用原木。不仅如此,在木材生产、储运、付货、计价中还必须指出木材的规格。

50. 根据管孔的不同判断阔叶树种的方法是什么?

导管是阔叶树独有的输导组织,在木材的横切面上呈现许多大小不同的孔眼,叫做管孔。导管用以给树木纵向输送养料,在木材的纵切面上呈沟槽状,构成了美丽的木材花纹。

阔叶树材的管孔大小并不一样,随树种而异。有的肉眼明显易见,如青冈栎、麻栎、楠木、核桃揪、水曲柳、樟木等。有的肉眼看不清,要在放大镜下才能看到,如杨木、桦木、枫香等。

根据在年轮内管孔的分布情况,阔叶树材分为环孔材、散孔材、半散孔材三大类:

(1)环孔材

指在一个年轮内,早材管孔比晚材管孔大,沿着年轮呈环状排列。如水曲柳、黄菠萝、麻栎等阔叶树种。

(2)散孔材

指在一个年轮内,早、晚材管孔的大小没有显著的区别,呈均匀或比较均匀地分布。如桦木、椴木、枫香等。

(3)半散孔材

在一个年轮内的管孔分布,介于环孔材和散孔材之间。也就是说,早材管孔较大,略呈环状排列,从早材到晚材管孔逐渐变小,界限不明显,叫半散孔材。如核桃揪等树种。

51. 根据年轮识别不同树种的方法是什么?

树木的加粗生长是由于形成层的细胞分生的结果。每过一个周期,树木就在外周增加一圈,这些同心的圈圈叫生长轮。在寒带和温带,气候四季分明,每年长一圈木质层,所以生长轮又称为年轮。

树木的年轮代表树木的生长史和年龄。

根据年轮来识别不同的树种,主要应注意以下几点:

1)在树干的横切面上,年轮围绕着髓心或同心圆圈;在径切面上呈相互平行的条状;在弦切面上,呈抛物线形或"V"字形,构成了木材的美丽花纹。

2)年轮的宽窄,反映树木生长的快慢。生长快的树种如泡桐、轻木、沙兰杨等;生长较慢的树种如云杉、黄杨木、侧柏等。生长快的树种,一个年轮的宽度达 3～4cm 以上;生长慢的树种,1cm 宽度有 5 个以上的年轮。

3)年轮的宽窄和年轮的明显程度是识别树种的重要标志之一。

52. 根据射线识别不同树种的方法是什么?

在一些树种的横切面上,可以看到一些颜色较浅并略带光泽的线条,由髓心呈辐射状穿过年轮断断续续射向树皮,称为木射线,也称髓线。

(1)木射线在木材的横切面上,显示其宽度和长度;在径切面上成长短不一的丝带状,显露其长度与高度;在弦切面上,木射线呈梭形或细条状,显示其高度与宽度。黄菠萝、榆木、山槐、核桃楸、麻栎等。

(2)隐心材树种　凡心材、边材没有颜色上的区别,而有含水量区别的树种,称为隐心材树种。属隐心材类的,针叶树材有云杉、鱼鳞云杉、冷杉、臭冷杉等;阔叶材树种有椴木、山杨、水青冈等。

(3)边材树种　凡是从颜色或含水量上都看不出边材与心材界限的树种,称为边材树种。属边材类的有很多是阔叶树种,如桦木、杨木、槭木等。

53. 根据树皮识别不同树种的方法是什么?

树皮是树干的外围组织,分为外皮和内皮。外皮是已死亡的组织,为树木的保护层;内皮又称韧皮部,是输送养料的主要渠道,又是储存养料的主要场所之一。

树皮的外部形态、颜色、气味、质地及剥落情况均为现场识别原木的主要特征之一。在现场识别原木时，主要抓住树皮的以下几个特点：

(1) 看外皮

大部分常见树种根据树木的外皮即可确定其名称。外皮的颜色各异，如白桦的外皮雪白，杉木的外皮为红褐色，青榨槭为绿色。

(2) 看内皮

树木内皮的颜色、厚薄、质地等都可作为识别树种的依据。如落叶松的内皮颜色为紫红色，这是落叶松的主要特征。黄菠萝的内皮鲜黄色，与其他树种的区别十分明显。

(3) 看树皮厚度

树皮有厚有薄，像栓皮栎、黄菠萝的树皮都很厚，木栓层发达，达1cm以上。

(4) 看树皮开裂和剥离的形态

树皮的形态也是识别木材的重要依据。外皮形态一般可分为两类，一类是不开裂的，另一类是开裂的。不开裂的又有平滑、粗糙、绉褶、瘤状突出等特征；开裂的又可分为平行纵裂、交叉纵裂、深裂及块状剥离和条状剥离等。

梧桐树不开裂，桦木横向开裂，酸枣树纵向开裂，柿树纵横开裂，黄菠萝交叉纵裂，栓皮栎深裂，鱼鳞云杉鱼鳞状剥落，柿树块状剥落。不同树种的树皮都有其不同的外部形态，必须在多观察的基础上，注意经验的积累，才能依据树皮的特征迅速地做出判断。特别是有的树种木材的构造近似，但树皮的差异明显，在这种情况下，树皮就成了区别树种的主要依据。

54. 根据原木的材表、断面形状、髓心来识别不同树种的方法是什么？

现场识别原木还可仔细观察以下一些辅助特征：

(1) 看材表

去皮原木的木材外表习惯上叫材表。大多数针叶树材和阔叶树散孔材其外表都很平滑，椴木、黄檀等表面起伏呈波浪伏，柿树等表面有创伤状斑痕，而青冈栎材表沟槽底尖呈纺锤形。

(2)看树干断面形状

大多数针叶树材及阔叶树材中的桦木、水曲柳等其树干的断面都呈圆形或近似圆形，也有很多树种呈椭圆形如猴欢喜等，粉椴、枫杨等的断面则呈多边形，而青冈栎、黄檀等的断面则呈不规则的波浪形。

(3)看髓心

髓心的形状和大小也随树种而异。大多数树种的髓心都为圆形；椴木的髓心卵圆形；桤木、水青冈的髓心为三角形；毛白杨、栎木的髓心为五角形；杜鹃树的髓心为八角形；华南樟、苦枥木的髓心为长方形或正方形；核桃木为分隔髓；而泡桐、檫木等的髓心多为中空。

55. 木材发生湿胀和干缩的原因是什么？在各方向上有何不同？

木材干燥时，其尺寸和体积缩小，叫干缩；相反由于木材吸收水分所引起尺寸、体积的增大，叫湿胀。

形成干缩湿胀的主要原因，在于木材细胞壁的构造。细胞壁是由微纤维构成的，当细胞壁中水分减少时，微纤维之间距离减少而互相靠拢，导致木材干缩。相反木材细胞壁中水分增加，木材发生湿胀。

木材的干缩湿胀，不但因树种不同而导，即使是同一块木材也有纵向和横向的区别。一般正常木材，从生材到炉干材，纵向干缩（沿木纹方向的干缩）为0.1%；径向干缩（沿半径方向或木射线方向的干缩）为3%~6%；弦向干缩（沿年轮方向的干缩）为6%~12%。径向干缩量和弦向干缩量之比一般为1:2。

木材各向干缩的差异越大，干缩时越容易发生翘曲和开裂；差异越小，说明木材各方向的干缩比较均匀。因此，它通常可做为判断木材利用上的适应性。

56. 木材的纤维饱和点是什么？其意义是什么？

当潮湿木材蒸发水分时，首先蒸发的是自由水，当自由水蒸发完毕而吸着水尚在饱和状态时，这时木材的含水状态称纤维饱和点。这时的含水率，叫纤维饱和点含水率。纤维饱和点含水率的多少，因树种而异，平均在30%左右。

纤维饱和点的重要意义，不在其含水量的大小，而在于它是所有木材材性变化的转折点。当含水率在纤维饱和点以上时，水分的增减只是细胞腔中水分的增减，细胞壁的情况不变，木材的形体无胀缩的变化。如果木材干燥到纤维饱和点以下时，由于水分的增减，细胞壁的情况发生变化，所以随含水量的降低，木材的形体也随之发生收缩。

57. 木材的平衡含水率是什么？

木材长时间暴露在一定温度与一定相对湿度的空气中，木材就会达到与周围空气湿度相平衡的状态，这时的木材含水率叫平衡含水率。

木材的平衡含水率是随周围的空气状态而变化。如果木材的含水率小于平衡含水率，就会发生木材的吸湿作用，往往会发生木材体积的膨胀；如果大于平衡含水率，就会发生蒸发作用，往往发生木材体积的收缩。

58. 根据木材湿胀干缩性质，贮存木材应注意什么？

木材的湿胀干缩会使木材产生裂缝翘曲、木构件结构松弛、木材强度下降等。

木材易燃、易腐、易蛀、易变形开裂，要根据其特点选择合适的场所，科学堆码，防止材质变坏。贵重的制材，车辆用板材，木制品和薄板，若存放时间较长，应尽量存入料棚或仓库内。露天存放木材时必须注意选择地势较高、干燥、通风和排水较好的地方存放，四周要设排水沟。木垛与危险品仓库、锅炉房、厨房等要保持一定的距离,并配备必要的消防设备。

为了便于收发作业,木材的堆垛要方便人工和机械作业(为防止端裂,东西向为好),垛与垛之间要留出适当的通道。

59. 木材的缺陷有哪些种类?

木材缺陷就是木材的疵病。木材组织结构的不正常、内部或外部的损伤、受菌虫危害的影响,使木材的使用价值降低,这些都属于木材的缺陷。

因为木材缺陷对应用有直接影响,所以在评定木材材质时,以缺陷的严重程度和对使用的影响程度为依据。

木材缺陷共分十大类:

(1)节子

包含在树干或主枝木材中的枝条部分称为节子。

(2)变色

木材的正常颜色发生变化叫变色。

(3)腐朽

由于木腐菌的侵入,逐渐改变颜色和结构,使细胞壁受到破坏,其物理、力学性质随着发生变化,最后变得松软易碎,呈筛孔状或粉末状,即为腐朽。

(4)虫害

因为各种昆虫危害造成的木材缺陷,称为木材虫害。

(5)裂纹

木材纤维与纤维之间的分离所形成的裂隙叫开裂或称裂纹。

(6)树干形状缺陷

树木在生长过程中受到环境条件的影响,使树干形成不正常的形状。

(7)木材的构造缺陷

凡树干上由于不正常的木材构造所形成的各种缺陷,统称木材的构造缺陷。

(8)伤疤

凡受机械损伤、火烧或鸟害等形成的伤痕称为伤疤。

(9)木材加工缺陷

木材在加工过程中所造成的木材表面的损伤。

(10)变形

锯材在干燥、保管过程中所产生的形状改变。

60. 胶合板具有哪些特点？

胶合板是由原木旋切成单板或由木方刨切成薄木，再经胶合而成的三层或三层以上的板材。胶合板具有以下特点：

1)一般胶合板均为奇数，即三层板、五层板、七层板、九层板等。

2)胶合板的幅面宽，施工方便，并能形成金属板材所不能及的宽幅面以及各种异形产品。

3)力学性能好。在同样重量下，胶合板的强重比大，如3mm厚的胶合板能代替12mm厚的成材。

4)由于胶合板是由三层或多层纵横交错排列的单板胶合而成，因而克服了木材构造不均匀性的缺点，改善了异向性，缩小了木材纵横的强度差异，并且干缩小、变形小。

61. 胶合板是怎样分类的？

胶合板主要按以下几个方面进行分类：

(1)按板的结构分

1)胶合板　即全部由单板组成的板材。

2)夹芯胶合板　即板芯由断面相等的小木条按顺纹方向排列相互拼接，然后在两面各贴两层单板。

3)复合胶合板　即以金属板贴面做表层，其他非金属材料做芯板胶合组成的板材产品。这类结构是为了专门用途而生产。其产品有铝箔贴面板、泡沫塑料夹芯板、蜂窝结构夹芯板等。

(2)按胶接性能分

1)室内用胶合板　该类胶合板的耐水、耐潮、耐气候性较差，只能在室内使用。

2)室外用胶合板　该类胶合板由于使用了耐水、耐潮、耐气候性能较好的胶粘剂,可在室外应用。

(3)按用途分

1)普通胶合板　在实际生产和使用中,普通胶合板产量最大,用途最广,共分四种类别。

2)特种胶合板　是根据一些专门用途而生产的一些产品。主要品种有:航空用胶合板、车厢用胶合板、船舶用胶合板、防火胶合板等。

62．普通胶合板的类别、性质、用途各是什么?

普通胶合板的类别、性能和用途　　　表4-12

类别	相当于国外产品代号	使用胶料和产品性能	可使用场所	用途
Ⅰ类(NQF)耐气候、耐沸水胶合板	WPB	具有耐久、耐煮沸或蒸汽处理和抗菌等。用酚醛类树脂胶或性能相当的优质合成树脂制成	室外露天	用于航空、船舶、车厢、包装、混凝土模板、水利工程及其他要求耐水性、耐气候性好的地方
Ⅱ类(NS)耐水胶合板	WR	能在冷水中浸渍,能经受短时间热水浸渍,并具有抗菌性能,但不能耐煮沸,用脲醛树脂胶或其他性能相当的胶合剂制成	室内	用于车厢、船舶、家具、建筑内部及包装
Ⅲ类(NC)耐潮胶合板	MR	能耐短期冷水浸渍,适于室内常态下使用。用低树脂含量的脲醛树脂、血胶或其他性能相当的胶合剂胶合制成	室内	用于家具、包装及一般建筑用途
Ⅳ类(BNC)不耐潮胶合板	INT	在室内常态下使用,具有一定的胶合强度。用豆胶或其他性能相当的胶合剂胶合制成	室内	主要用于包装及一般用途。茶叶箱需要用豆胶胶合板

注:WPB—耐沸水胶合板;WR—耐水性胶合板;
　　MR—耐潮性胶合板;INT—不耐水性胶合板。

63. 检验胶合板的方法是什么？

(1)看号印

胶合板按材质和加工工艺质量，分为一、二、三等。根据国家标准规定，要分别对板面的木材缺陷、胶合板加工缺陷和胶层的胶着力进行检验和确定等级。然后将胶合板的类别、等级、生产年月、生产厂代号和检验员代号的号印，加盖在每张胶合板背面右下角的纵边。

(2)查质量

应根据分等规定，检验其等级和粘接强度。一般应注意查看表面的光洁度，胶合板的完整情况以及有无脱胶，有无开裂、腐朽和缺角等缺点。购买批量较大时，可在每批胶合板中任意抽取不少于3%的样板进行逐张检验。

(3)准确计量

胶合板的数量一般以 $1m^3$ 或标准张进行计量。标准张尺寸为 915mm×1830mm×3mm。$1m^3$ 折合 199.07 标准张。

64. 胶合板在运输、保管时有什么要求？

1)胶合板须按不同的类别、树种、规格、等级及批号分别包装。为了防止板面污损，各等级胶合板的板面应朝里包。胶合板的边角，应用草织品或其他物品遮护。

2)每包胶合板须附有标签，其上注明：生产厂名称、品名、树种、规格、类别、等级、张数和批号等。

3)运输时，严防雨淋、受潮和日光直晒，以保证产品质量。

4)保管时，应放入干燥、通风的库内，注意防潮防火，避免强度降低。

5)胶合板应平放堆垛，高度不得超过 1.5m。为避免胶合板弯曲，可在垛顶压上砂袋。

65. 什么是纤维板？分为哪几类？

纤维板是以植物纤维为主要原料，经过纤维分离、成型、干燥和热压等工艺制成的一种人造板材。

可供生产纤维板的原料非常丰富,如木材采伐和加工剩余物、稻草、麦秸、玉米秆以及竹材、芦苇等都可作纤维板原料。根据统计大约 $3m^3$ 木材剩余物可生产 1t 纤维板。1t 纤维板可顶 $5.7m^3$ 原木制成的板材使用(按出材率为 70% 计算,则可顶替 $3.99m^3$ 板材)。所以纤维板生产是木材综合利用、节约木材的重要途径之一。

纤维板可按原料不同分为:木质纤维板,它是由木材加工废料经进一步加工制成的纤维板;非木质纤维板,它是由草本纤维或竹材纤维制成的纤维板。

纤维板按密度分类是国际分类法,通常分为三大类:

(1)硬质纤维板

密度在 $0.8g/cm^3$ 以上的称硬质纤维板,又称高密度纤维板。一等品的密度不得低于 $0.9g/cm^3$,二、三等品的密度不得低于 $0.8g/cm^3$。具有强度大、密度高的特点,广泛用于建筑、车辆、船舶、家具、包装等方面。

(2)软质纤维板

密度在 $0.4g/cm^3$ 以下的称为软质纤维板,又称低密度纤维板。其强度不大,导热性也较小,适于作保温和隔声材料。

(3)半硬质纤维板

密度在 $0.4\sim0.8g/cm^3$ 的称半硬质纤维板,通常称为中密度纤维板。其强度较大,性能介于硬质纤维板和软质纤维板之间,易于加工。主要用作建筑壁板、家具,产品可以贴纸和涂饰。

66. 什么是刨花板?

刨花板主要是利用木材或木材生产中的各种剩余物(如刨花、木片、锯屑等)及其他植物茎杆等作原料,经加工后,加入一定的胶粘剂,在一定的温度和压力下压制而成的一种人造板材。

据统计,每 $1.3m^3$ 废材可生产 $1m^3$ 的刨花板,$1m^3$ 的刨花板利用价值相当于 $3m^3$ 原木所制成的板材。生产刨花板的设备比较简单,投资少,是合理利用木材,节约木材,大搞木材综合利用的有效途径之一。

刨花板的品种、规格日益增多,应用范围也不断扩大。刨花板具有以下一些优点:

1)平压法刨花板在平面上各方向特性相同,结构均匀。

2)刨花板幅面较大,还可按需加工成更大幅面和选择适当的厚度,不需要干燥可直接使用。

3)可用榫、钉、螺钉及金属连接件等方法连接,为家具生产和家具装饰自动化、连续化创造了良好的条件。

67. 砌墙砖(砌块)分哪几类?

砌墙砖(砌块)可分为:烧结砖和非烧结砖两大类。

(1)烧结砖

经烧结而制成的砖,主要有:粘土砖、页岩砖、煤矸石等普通砖和烧结多孔砖、烧结空心砖和空心砌块。

(2)非烧结砖

主要有非烧结普通粘土砖、粉煤灰砖、蒸压灰砂砖、蒸压粉煤灰砖、炉渣砖和碳化砖等,及混凝土空心小型砌块、轻集料混凝土小型空心砌块蒸压加气混凝土砌块、粉煤灰硅酸盐砌块。

68. 怎样鉴别欠火砖和过火砖?

烧制粘土砖时,要求火候要适当,以免出现欠火砖和过火砖,影响粘土砖的内在质量。

(1)欠火砖

当烧制时火候不足,则成为欠火砖。欠火砖的颜色较浅、敲击声哑、强度低、耐久性差,达不到规定的强度等级,使建筑质量得不到保证。

(2)过火砖

如烧制时火力过猛,则成为过火砖。过火砖的颜色较深、敲击声响、有弯曲等变形情况,也影响了粘土砖的使用性能。

69. 烧结普通砖技术要求有哪些?

烧结普通砖又称普通粘土砖。

(1)形状与尺寸

普通粘土砖为矩形体,其标准尺寸为 240mm×115mm×53mm,加上砌筑灰缝 10mm,则 4 块砖长、8 块砖宽或 16 块砖厚均为 1m,1m^3 砖砌体需用砖 512 块。

(2)外观

普通粘土砖根据外观质量分为一等、二等两个等级。外观检查包括尺寸偏差、弯曲、缺棱、掉角、裂纹等,同时要求内部组织坚实、不夹带石灰等爆裂性矿物杂质。在出厂成品中,不得夹有欠火砖、酥砖及螺纹砖。

应该注意,当砖内夹有石灰时,待砖砌筑后,会因石灰吸水熟化产生体积膨胀而使砖开裂,从而降低砌体强度。同时,使砌体表面产生一层白色的结晶,有损外观,这种现象称为"砖白花"或"砖霜"。

(3)抗冻性

北方寒冷地区使用的普通粘土砖,还要进行抗冻试验,达到规定要求才算抗冻性能合格的产品。

70. 什么是混凝土空心小型砌块?

以水泥、砂、砾石或碎石为原料,加水搅拌、振动、振动加压或冲击加压,再经过养护制成的墙体材料。

(1)规格尺寸

长×宽×高为 mm:390×190×190

(2)类型和强度等级

1)类型:分为防水砌块和普通砌块。

2)强度等级:承重砌块分为 3.5、5.0、7.5、10 四个强度等级;非承重砌块为 3.0。

71. 建筑防水材料有哪些种类?

(1)防水卷材

1)石油沥青油毡

2)弹性体沥青防水卷材(SBS)
3)三元乙丙防水卷材
4)聚氯乙烯防水卷材
5)氯化聚乙烯防水卷材
6)沥青、焦油改性沥青、焦油防水卷材(包括优质氯化沥青油毡和APP改性沥青)
7)硫化型橡塑防水卷材
(2)防水涂料
1)水性沥青基防水涂料；
2)氯氨酯防水涂料；
3)水乳型焦油基防水涂料、溶剂型防水涂料、溶剂型焦油防水涂料；
4)聚合物基防水涂料。
(3)建筑石油沥青

72. 弹性体沥青防水卷材(SBS)的适用范围是什么？

该系列防水卷材适用于工业与民用建筑的屋面、地下室、卫生间等的防水防潮，以及桥梁、停车场、游泳池、隧道、蓄水池等建筑物的防水，尤其适用于寒冷地区和结构变形频繁的建筑物防水。

Ⅲ型及其以下品种用作多层防水；Ⅲ型号以上的品种可用作单层防水，或多层防水层的面层，并可采用热熔法施工。

73. 防水材料被限制和淘汰的产品有哪些？

(1)石油沥青纸胎油毡
在住宅工程和公共建筑工程中被限制使用。
(2)焦油聚氨酯防水涂料
被强制淘汰产品。
(3)焦油型冷底子油(JG-Ⅰ型防水冷底子油涂料)
属于被强制淘汰产品
(4)焦油聚氯乙烯油膏(PVC塑料油膏,聚氯乙烯胶泥,塑料

煤焦油油膏)

属于被强制淘汰产品。

74. 哪种门窗属于限制使用产品？

32系列实腹钢窗在住宅工程和公共建筑工程中被限制使用。

75. 什么是建筑装饰材料？按应用可划分为哪几种？

装饰材料又称装修材料、饰面材料。装饰即打扮,建筑装饰就是要增加建筑物的美感。从周围环境来说,起到美化环境的作用。从室内环境来说,能提高人们的工作效率,有益于身心健康。因此,装饰是室内外环境设计的一个重要手段,而装饰材料则是体现设计手段的主要方面。

装饰材料是建筑物的一个重要组成部分。建筑装饰材料按应用可分为:外墙装饰材料、内墙装饰材料、地面装饰材料、吊顶装饰材料等;按材料的来源可分为:天然装饰材料和人造装饰材料;按材料的品种可分为:石材、陶瓷、玻璃、木质、金属、塑料及棉、毛、麻、丝等。

76. 选择建筑装饰材料时应注意哪些问题？

建筑物外墙装饰材料既要美观,又要耐久。如有机材料在光、热等自然条件作用下,容易老化而改变其固有性能,故不宜选作外墙装饰材料。而无机材料如白水泥、彩色水泥、陶瓷、玻璃及铝合金制品等,不但色彩宜人,而且耐久可靠。是理想的外墙装饰材料。

室内装饰材料可供选择的品种较多,其选择主要取决于室内装饰设计的基调和材料本身的功能,因此,必须根据材料的色彩、质感、光泽、性能诸方面综合考虑,使其与建筑艺术能达到完美统一。

装饰材料的选用还应该考虑装饰造价问题。就我国目前的经济水平,绝大部分建筑还不可能大量使用高档装饰材料,而以新型、美观、适用、耐久、价格适中的装饰材料较为适宜。一些名不见经传的材料,经过建筑师的精心设计和能工巧匠的高超手艺,同样能达到以假乱真的装饰效果。

合理而艺术地运用色彩,选择建筑装饰材料,可以把我们的工作和生活环境点缀得丰富多彩,情趣盎然。

77．白水泥与普通水泥有哪些区别？

白水泥是白色硅酸盐水泥的简称。它与普通硅酸水泥在化学成分上的主要区别是：白水泥中铁含量只有普通水泥的十分之一左右。白水泥的原料制备方法与硅酸盐水泥基本相同,只是白水泥要求用较纯的石灰质原料,粘土质原料也选用氧化铁含量低的高岭土或含铁质较低的砂质粘土,尽量选用灰分小的燃料。

78．白水泥白度用什么表示？有几种等级？几个标号？

白水泥的白度,通常用白水泥和纯净氧化镁的反射率比值来表示,以氧化镁的白度为 100 用白度计测定。我国白水泥的白度分为特级、一级、二级、三级等四个等级,白水泥磨得越细,其白度越高。我国生产白水泥的标号有 325、425、525、625 四种。

79．饰面石材根据使用范围可分为哪几类？

用作饰面石材的各种岩石,由于物理力学性能的不同而用于不同场合。饰面石材根据使用范围的不同可分为两类：

第一类基本上不承受任何机械荷载。这种石材主要用作建筑物的内墙和外墙的饰面材料。用于外墙时,要求石材耐风雨侵蚀的能力强,经久耐用,所以大多使用火成岩类及变质岩类。耐风雨性能差的大理岩、石灰岩、石膏岩等则用于内墙装饰。于人流量少的地方,可采用耐磨性稍差的大理岩、致密灰岩、白云岩等。

第二类主要用于纪念性建筑物,如大型纪念碑和塔等,以及大型建筑构件等,这类岩石要求装饰性好,耐风雨性及其他物理力学性能也符合要求,有时要求特大尺寸,重量可达数十吨至数百吨。

80. 花岗石有哪些特点？为什么不耐火？

花岗石饰面材料具有以下一些特点：

1) 花岗石是火成岩中分布最广的岩石，属于硬石材。它由长石、石英石、云母等矿物组成。其中长石占 40%～60%，石英石占 20%～40%，连同长石中的 SiO_2，花岗石中的 SiO_2 含量达 65%～75%，相对密度 2.7。

2) 花岗石的特点是结构致密、吸水率很小、质地坚硬、强度很高，特别是抗压强度可达 120～250MPa。

3) 由于花岗石的主要组成矿物对酸的抵抗能力很强，因此极耐酸的腐蚀，对碱类侵蚀也有较强的抵抗力。

4) 花岗石的缺点是由于硬度大，比较难于开采和加工，质脆，耐火性差。当温度达 800℃ 以上时，由于花岗石中 SiO_2 的晶形转化，造成体积膨胀，导致石材爆裂而失去强度。

花岗石主要用于建筑物的结构和装饰。花岗石不易风化变质，外观色泽可保持百年以上，因而多用于外墙饰面。由于它对空气中的酸有很强的抵抗能力，比大理石硬度高、耐磨。它适用于基础、勒脚、柱子、踏步、地面、外墙面及耐酸工程等。用于室外地面时，为了防滑，一般花岗岩表面不磨光，而是凿成条纹和点状。由于花岗岩坚硬，磨琢时费工，因此是一种较高档装饰材料。

81. 大理石有哪些特点？为什么不宜做外部装饰材料？

大理石饰面材料具有以下一些特点：

1) 大理石为石灰岩、白云岩经变质作用而形成的细晶粒结构的岩石，主要成为碳酸钙($CaCO_3$)。和石灰岩相比，大理石的结构较致密、属块状构造，硬度不大，抗压强度为 700～1500kg/cm^2。

2) 纯大理石为白色，称汉白玉。如果在变质过程中混进了其他元素、化合物或杂质，遂具有不同的色彩，磨光显现出不同的花纹。如含碳则呈黑色；含氧化铁则呈玫瑰色、砖红色；含氧化亚铁、铜、镍则呈绿色；含锰则呈紫色等。

3)大理石的主要缺点是化学稳定性差,极不耐酸,空气中的二氧化碳、工厂排出的酸性废气及海边空气中含有的盐分,都会使大理石逐渐腐蚀。

大理岩不宜作城市建筑的外部饰面材料,因为城市空气中常含有二氧化硫,它遇到水时生成亚硫酸,以后变为硫酸,与大理岩中的碳酸钙发生反应,生成易溶于水的石膏,使表面失去光泽,变得粗糙多孔,从而降低建筑装饰效果。大理岩、石灰岩因其主要成分是碳酸钙、碳酸镁,能抵抗碱的作用,可作耐碱材料。但若含有溶解于碱的杂质增加,其耐碱性显著下降,大理岩耐用年限一般为数十年至几百年。

82. 氡是什么?

氡存在于所有的物质之中,包括你喝的水和我呼吸的空气,所以有氡并不可怕,可怕的是超标的氡,因为它是致癌物质;是无色、无味、摸不着、看不到、难于觉察到;致人癌症(超标不太多时)一般时间较长(15 至 40 年);是仅次于吸烟而致癌的第二大病因,经国内外专家统计,在肺癌和白血病死亡人中有 10% 至 25% 是由氡诱发的。

83. 氡是从哪里来的?

氡是从镭直接衰变而来的,但不同条件,有不同的来源,不能一概而论。例如平房,地面岩石裸露,室内氡主要来自地基下的岩石、土壤,构造带(特别是新构造带)以及镭水(如油气区)等;对于三层以上楼房,氡则主要来自花岗岩等建材。室内环境中的氡可能还来自一些生活用品,例如水,特别是直接的地下水、煤气、燃煤、陶瓷制品,室外氡侵入等,但都相对次要。

84. 对氡的认识有哪些误区?

对氡认识的若干误区:
1)氡主要来自天然大理石。众所周知,天然大理石是由放射

性很低的石灰岩经变质而来的,可以大胆放心使用;

2)氡主要是由建材而来的。例如花岗岩及某些陶瓷等,而化学建材和木质建材中氡是相当低的:

3)氡直接可致癌症。氡主要是通过其子体而使人致癌;

4)将氡与放射性等同起来。简言之,有氡必有放射性,而放射性未必有氡。例如由钾—40引起的放射性,就没有氡。氡是放射性气体,而放射性则是指一些核素能自发衰变并放出射线的物质。

85. 氡子体是致病的元凶吗?

氡致肺癌主要是由氡的子体所致。氡的半衰期是3.85天,而在体内停留时间又较短,而且在半小时内,吸入的氡与呼出的氡可以达到平衡,所以在呼吸道内产生的剂量很小,危害也较小。而氡子体(同位素Pb、Bi、Po)则不然,它是金属离子,很容易被呼吸系统所截留,在局部区段不断积累,并在原处衰变,产生电离和激发,破坏周边细胞,因而是大支气管上皮细胞剂量的主要来源,大部分肺癌首先就是在这段发生的,这就是氡子体致肺癌的机理。氡直接导致肺癌,几率较小。

86. 对氡如何进行防治?

氡的防治,最主要是从源头抓起,即要杜绝房屋建在高放射性密集区,杜绝建材取自以下这些富集区(如构造带、富铀花岗岩区、铀矿化区、富含镭的油气田水流经区、富铀磷块岩区、富铀煤区、富铀铁区和富铀稀土区等);坚持按国际检测标准评估,坚持通风换气等。

87. 根据原材料不同陶瓷产品分几类?

根据生产时所用原材料的不同,陶瓷可以分为陶质制品、瓷质制品、炻质制品三大类。

88. 常用装饰陶瓷有哪些品种?各适用于何处?

建筑装饰陶瓷制品的种类很多,最常用的有釉面砖、外墙面砖、地面砖、陶瓷锦砖、玻璃制品及卫生陶瓷等。

釉面砖又称瓷砖、瓷片或釉面陶土砖,主要用于建筑物内墙如厕所、浴室、卫生间等的饰面。

墙地砖是指建筑物外墙装饰用砖和室内外地面装饰用砖。因为此类陶瓷砖通常可以墙地两用,所以称为墙地砖。

陶瓷锦砖俗称马赛克、纸皮砖,是由边长不大于40mm,具有多种色彩和不同形状的小块砖镶拼组成各种花色图案的陶瓷制品。它主要适用于化学实验室及民用建筑的门厅、走廊、餐厅、厨房、浴室等地面的贴铺,并可用于装饰外墙面。彩色陶瓷锦砖还可以镶拼成壁画,集装饰性和艺术性为一体。

琉璃制品具有质细致密、表面光滑、不易污染、坚实耐久、色彩绚丽、造型古朴等特点。主要品种有琉璃瓦、琉璃砖、琉璃花窗等制品。此外,还有琉璃工艺品,如琉璃桌、鱼缸、花盆、花瓶等。其中琉璃瓦是古建筑中一种高级屋面材料。琉璃制品主要适用于具有民族色彩的宫殿式房屋及少数纪念性建筑物,建造园林中的亭、台、楼阁用上琉璃制品会增添园林的景色。

卫生陶瓷将向造型美观、色调大方、噪音低、用水少、冲刷功能好,使用方便的高、中档配套卫生洁具和整套卫生间的方向发展。

89. 为什么釉面砖只适用室内,而不适合室外?

釉面砖一般不宜用于室外,因为它是多孔的精陶制品,吸水率较大,吸水后会产生湿胀现象,其釉层湿胀性很小。如果用于室外,长期与空气接触,特别是在潮湿的环境中使用,它就会吸收水分产生湿胀,其湿胀应力大于釉层的抗张应力时,釉层就会发生裂纹;若经过多次冻融后还会出现脱落现象。所以釉面砖只能用于室内,不应用于室外,以免影响建筑装饰效果。

90. 建筑玻璃在现代建筑中具有哪些用途?

玻璃过去只单纯地做采光和装饰用。随着现代建筑的发展,很多建筑需要控制光线、调节热量、节约能源、控制噪声、降低建筑自重、改善建筑环境、提高建筑艺术等功能。近年来既具有装饰性又兼有功能性的玻璃新品种层出不穷,为现代装饰提供了广泛的选择余地。

91. 吸热玻璃与热反射玻璃有何区别?

吸热玻璃与热反射玻璃的区别是:

吸热玻璃是一种可以控制阳光,既能吸收大量红外线辐射能,又能保持良好透光率的平板玻璃。

吸热玻璃是在普通钠、钙硅酸盐玻璃中加入有着色作用的金属氧化物制成的。金属氧化物既能使玻璃带色,又可使玻璃具有较高的吸热性能。吸热玻璃也可以通过玻璃表面喷涂有色金属氧化物薄膜制成。

吸热玻璃按颜色分为灰色、茶色、蓝色、绿色、古铜色、粉红色、金色、棕色等;按成分分为硅酸盐吸热玻璃、磷酸盐吸热玻璃,光致变色吸热玻璃与镀膜玻璃等。

热反射玻璃是指既具有较高的热反射能力,又能保持平板玻璃良好透光性能的一类玻璃,又称为镀膜玻璃或镜面玻璃,热反射玻璃是通过热解、蒸汽、化学镀膜等方法在玻璃表面喷涂金、银、铜、铝、铬、镍、铁等金属氧化物,或粘贴有机薄膜或非金属氧化物薄膜,还可以用离子交换法置换出玻璃表面原有的离子制成。

热反射玻璃从颜色上分为灰色、茶色、金色、浅蓝色、棕色、褐色等多种;按性能分有热反射、减反射、表面导电、防无线电、中空夹层等。

92. 中空玻璃有何特性? 常见品种有哪些? 常用于何处?

随着建筑物标准的提高,建筑物采用大面积窗户,使冬季采暖、夏季制冷所消耗能量大大增加,因此在建筑上采用中空玻璃和有特殊性能的玻璃来降低能源的消耗成了普遍趋势。中空玻璃,是在两层或两层以上的平板玻璃四周用高强度,高气密性粘结剂将其与空心铝合金隔框胶结密封,框内充填干燥剂,使玻璃间空腹内的空气保持高度干燥。

中空玻璃所用原片玻璃可以用普通平板玻璃、钢化玻璃、压花玻璃、吸热玻璃、夹丝玻璃、热反射玻璃等品种,颜色有无色、茶色、蓝色、灰色、紫色、金色、银色等。

中空玻璃由于具有许多优良性能,因此应用范围很广;构成原材料不同,性能也各有差异,应用场所也不同。无色透明的中空玻璃主要用于普通住宅、空调房间、空调列车、商用雪柜等。有色中空玻璃主要用于建筑艺术要求较高的建筑物,如影剧院、展览馆、银行等。特种中空玻璃则根据设计要求使用,如防阳光中空玻璃等。热反射中空玻璃主要用于热带地区建筑物;低辐射中空玻璃就可以用在寒冷地区及太阳能利用等方面;夹层中空玻璃多用在防盗橱窗等方面;钢化中空玻璃,夹丝中空玻璃以安全为目的,主要用于玻璃幕墙,采光顶棚等处。

93. 钢化玻璃在实际中有哪些应用？

钢化玻璃由于具有较好的性能,所以在汽车工业、建筑工程以及其他工业得到广泛应用,可用于高层建筑的门、窗、幕墙、隔墙、屏蔽及商店橱窗,军舰与轮船舷窗、球场后挡架隔板、桌面玻璃等方面。钢化玻璃不能切割磨削边角,不能碰击、板压,使用时需按现成规格制造,或提出具体设计图纸进行加工定制。

94. 夹丝玻璃有何用途？

夹丝玻璃具有均匀的内应力和一定的抗冲击强度,破裂时碎片仍连在一起,不致伤人,透光率>6%。

95. 哪些玻璃称为安全玻璃？

(1)钢化玻璃

普通平板玻璃经过二次加工,经过钢化处理便称为钢化玻璃。

(2)夹层玻璃

夹层玻璃是安全玻璃的一种,是在两片或多片平板玻璃间嵌夹柔软强韧的透明膜经加压加热粘合而成的平面或弯曲面的复合玻璃制品。夹层玻璃具有较高的强度,受到破坏时产生较高的辐射状或同心圆形裂纹而不易穿透,碎片不易脱落,因此不致伤人,所以也称安全玻璃。

(3)夹丝玻璃

夹丝玻璃也是安全玻璃的一种,是将普通平板玻璃或磨光玻璃、彩色玻璃加热到红热软化状态,再将预热处理的金属丝网或金属丝压入玻璃中间而形成。金属丝在玻璃中起着增强作用。其抗折强度和耐温度剧变性能比普通玻璃的好,在遭受冲击或温度剧变时玻璃破而不缺,裂而不散,可避免带棱角的小碎块飞出伤人;当火灾蔓延时,夹丝玻璃可以隔绝火势,因此又称防火玻璃。这种玻璃常用于天窗、顶棚顶盖及易受震动的门窗上。彩色夹丝玻璃可用于阳台、楼梯、电梯井等处。

96. 木地板有哪些种类?

木地板的种类繁多,因此,市场上木地板的种类划分就有不同的方法。一般是按形状、质地、树种来划分。

(1)按木材形状分　主要有条形地板和拼花地板块两类。

(2)按木材的质地分　有软木地板、硬木地板和普通地板块。

(3)按木材的树种划分　有针叶树材地板和阔叶树材地板两类。

97. 什么是条形木地板?

条形木地板是一块块呈长形单一的木地板,按一定的走向、图案铺设于地面。条形地板长短不一,种类也各有不同。条形木地板接缝处有平口与企口之分。平口就是上下、前后、左右方向平齐的木条。企口就是用专用设备将木条的断面(具体几面依要求而定)加工成榫槽状,便于固定安装。

条形木地板的优点有两个:一是铺设图案选择余地大;二是可以铺设完后再找平。故对地面的平整要求不及拼花形地板严格,便于施工铺设。缺点是:工序较多、操作难度大、难免粗糙。

98. 什么是拼花形木地板?

拼花形木地板是事先按一定图案、规格,在设备良好的车间里,将几块(一般是四块)短条形木地板拼装完毕,呈正方形。有的还可以涂以漆料。施工时,即可将拼花形的板块再拼铺在地面上。有些拼花地板背后贴有底胶,可直接贴在地面上。

拼花形木地板由于已经过一道加工,因而,拼装程序质量有一定的保证,也方便了施工。但由于几块条形事先拼装,故对地面的平整要求较高,否则会立即出现翘变现象。

99. 什么是硬木地板?

硬木地板一般是指用阔叶树材制作的地板。最好的有柚木、香红木、花榈木、麻栎、柞木,以及人们从国外引进的桃花心木、石梓木等。

目前制作普通地板使用的硬木还有水曲柳、核桃木、荔枝木、龙眼木、香樟、油楠、海棠木、槐木、青檀、山枣、桦木等。这些阔叶树材的硬木地板也都具有较高强度和优良的耐久性。

天然的硬木地板,令人产生一种温暖与舒服的效果。而且硬木地板质地坚硬、纹理细腻、耐磨性又好,浸过油的硬木地板还可防潮。规格有板条、板块、长条和拼成不同图案的拼花地板等。

高级硬木地板价格昂贵,比起纯毛地毯来,费用相差无几。主要用于宾馆、旅馆、体育馆、餐厅、会议室、公寓等民用建筑及居室的地面装修。

100. 什么是软木地板?

软木地板块一般是指用针叶树材制作的地板块,主要是松木和杉木。

针叶树材适宜作软木地板的还有柏木、油杉、铁杉、红豆杉、南豆松等。这些树木制作的地板块适合于家庭的装修。

近年来,人们采用软木地板块装修地面已日见普遍。这种软木地板材料显得温暖,而且具有弹性,颜色有浅黄到棕色。高档的软木地板材料有条纹图案。规格也较多,有长条形(宽度一般小于12cm,厚度约2~3cm)、板条形和长方形。

软木地板块的缺点是耐磨性较差。另外,如果干燥不够,易变形、干裂。这种地板块,一般称之为普通地板块。

101. 什么是复合木地板?

用经特殊处理的木材按合理的结构组合,再经高温高压制成,强度较高,不易收缩开裂和翘曲变形,防腐性、耐水性和耐气候性好。

1) 表面采用珍稀木材,花纹美观,色彩一致,装饰性很强。

2) 可制成大小不同各种尺寸。条状的长度可达 2.5m,块状的幅面可达 1m×1m,易于安装和拆卸。

3) 由于采用了复合结构,合理利用了珍稀木材,降低了生产成本。

由于新型复合木地板尺寸较大,因此不仅可作为地面装饰,也可作为顶棚、墙面的装饰,如吊顶和墙裙等。

102. 什么是复合长条企口木地板?

这种地板表面采用树脂处理,贴有天然木纹板,经高温压制而成,具有表面光滑平整、结构均匀细密、不变形、不开裂、强度高、耐磨损、简洁高雅的优点。安装时,不用地板粘接剂,不用木垫栅,不用铁钉固定,不用刨平和砂光,只需地面平整,将复合长条企口板槽口相互之间对准,四边用嵌条镶拼压轧紧,就不会松动脱开。搬家时,可随时拆卸镶拼。

103. 什么是拼花木地砖?

拼花木地砖系用优质的山毛榉等硬杂木材加工成细木条,用胶粘剂拼粘成块形,经刨平、打磨、着色、刷高级耐磨漆而制成。古朴典雅、美观大方、质地坚硬,具有保温、隔热、防潮、绝缘、抗静电、冬暖夏凉等优良性能。其特色一是安装迅速,不像木地板条需现场粘贴、刨平、砂光、上漆才能最终完成安装,而是采用瓷地砖的安装方法用水泥砂浆粘贴,一次完工;二是施工后不留油漆异味,解决了原来的木地板现场施工刷漆,油漆异味数月难于散尽的缺点;三是不受温度和湿度的影响。拼花木地板砖经特殊处理,水气湿空气均不能进入地砖内部,克服了硬杂木易受不同地区温湿度差影响导致地板变形的缺陷。

拼花木地砖有六角形、长方形、四方形等形状,大小不同。适用于高级宾馆、饭店、办公室等处,不宜用于人流密度过大和难于保持干净卫生的食堂。

104. 什么是天然软木地板?

天然软木地板是最新天然贴面装饰材料。产品以优质天然软木(栓皮)为原料,保持软木天然本色,具有独特、典雅的装饰效果;且无毒、无味、不腐不蛀、有弹性、防滑、行走具有地毯感;便于清洁、经久耐用,阻燃性好;隔声、吸震、保温;耐水、耐油。

软木地板适用于高级宾馆、饭店、图书馆及现代家庭。天然软木地板可直接用专用胶粘贴于洗净的干燥的水泥或木地面上,铺装完毕后表面涂以聚氨酯漆,干后涂以地板腊即可使用。

105. 什么是精竹地板?

精竹地板是用优质天然竹料加工成竹条,经特殊处理后,在压力下拼成不同宽度和长度的长条,然后刨平、开槽、打光、着色、上多道耐磨漆制成的带有企口的长条地板。这种地板自然、清新、高雅,具有竹子固有的特性:经久耐用、耐磨、不变形、防水;脚感舒适,易于维护、清扫。由于地板出厂时已经精细的后加工处理,产品是精美的长条企口形地板,施工时只须找平地面,将竹地板条固定上即可使用,方便省时,又因刨平、打磨、上漆等后处理工序等都是在厂内用机械完成的,其加工质量有保证,不像一般拼木地板会因施工好坏,而导致实际施工质量有很大区别。精竹地板有寿命长、耐污染、易维护保养等特性,所以受到不少用户的青睐,适用于宾馆、办公楼、居室等处。

106. 装饰壁纸、墙布有哪些种类?

(1)按基层材料分

有完全塑料的、纸基的、布基的、石棉纤维基层的、玻璃纤维基层的等等。

(2) 按花色分

有套色印花并压纹的、有仿锦缎、仿木材、仿石材、仿各种织物、仿清水砖、并有明显凹凸质感及静电植绒的等等。

(3) 按功能分

有吸声、隔热、防火、防菌、防霉、耐水等功能。

主要品种有：塑料壁纸、纸基涂塑壁纸、麻草墙纸、化纤装饰墙布、玻璃纤维贴墙布、无纺贴墙布及其他各种装饰墙布。

107. 什么是塑料？

塑料是指由高分子聚合物加入（或不加）填料、增塑剂及其他添加剂，经过加工形成的塑性材料或固化交联形成的刚性材料。这类材料在一定的温度和压力下具有较大的塑性，容易做成所需要的各种形状，而成型之后，在常温下又能保持既得的形状和具备必需的强度。

108. 什么是树脂？

树脂是塑料中最主要的基本成分。是具有可塑性的固态或半固态的高分子有机化合物。

树脂分为天然树脂与合成树脂两类。

天然树脂取自天然产物。例如松香就是一种天然树脂。树脂这一名称的来源就是指由树木分泌出的脂质而得名。当然实际上天然树脂不一定都是树木的分泌物制得的，如天然树脂虫胶，就是热带一种昆虫的分泌物。

合成树脂是指由低分子量的化合物经过各种化学反应而制得的高分子量的树脂状物质。一般在常温常压下这些物质是固体。也有的为粘稠状液体。合成树脂的原料主要取自煤、石油、天然气等。

树脂在塑料中起着胶粘的作用，将塑料其他组分粘结成一个整体。它不仅决定了塑料的热性能类型（热塑或热固），还基本上决定了塑料的主要性质。

109. 什么是涂料？为什么还称为油漆？

涂料，是一种有机高分子胶体的混合溶液，把它涂饰在物件表面，经过一段时间后生成与被涂物牢固粘结的固体薄膜。所以，我们把凡是涂敷到工件表面上，干燥之后能形成坚韧完整的保护薄膜的胶体溶液，叫做涂料。最早使用的涂料是以植物种子中榨取的油或漆树中采取的漆液为主要原料加工制成的，由于它们是以油或漆为原料，因此长期以来把涂料称为油漆。

110. 涂料的作用有哪些？

（1）保护作用

生产和生活中使用的各种机器、设备、用品等物件，很多是用各种金属、木材等材料制成的。这些材料经常暴露在大气中，会受到大气中所含的水分、气体、微生物的侵蚀，逐渐损坏。如果在这些物件表面涂覆一层涂料，它干后结成薄膜，牢固地粘附在物体表面上，能够保护这些物件的表面不受侵蚀而损坏，从而延长了它们的使用寿命。

涂料工业还能根据特殊需要生产和供应具有耐酸、碱、油、高温等性能的涂料，用以保护在特殊环境中使用的物件。

（2）装饰作用

涂料有许多品种都含有颜料，均具有不同的颜色。根据不同的物件和环境的要求可以涂成各种绚丽多彩和富有艺术感的花纹，如皱纹、晶纹、锤纹、裂纹等。而且可使色彩调和，光亮美观，从而改善了环境，美化了人们的生活。

（3）伪装作用

军事装备通常要采取必要的伪装措施。陆地上的各种军事器械和装备常涂成草绿色。战时的飞机往往上面涂成草绿色，下面涂成蓝色。这样飞机在天空飞行时，从下往上看去，飞机与蓝天一色；飞机停放在地面，从上往下看去与大地一样翠绿。海上军舰常涂成蓝灰色。这些保护色起到了伪装作用，使敌人难以发现目标。

(4)标志作用

由于涂料可使各种物件着有明显的颜色,所以涂料具有标志作用。工厂的各种设备、管道、容器、槽车等涂上各种不同颜色的涂料后,使操作人员容易识别,提高操作的准确性,避免事故的发生。

111. 涂料是如何分类的?

现在涂料的品种繁多,在国际上分类极不一致,有按用途分的,如建筑用漆、船舶用漆、电气绝缘用漆、汽车用漆等;有按施工方法分的,如刷用漆、喷漆、烘漆等;有按使用效果分的,如打底漆、防锈漆、防火漆、耐高温漆、头度漆、二度漆等;有按涂膜的外观分的,如大红漆、有光漆、无光漆、半光漆、皱纹漆、锤纹漆等;有按含不含颜料分的,如清漆和色漆;有按主要成膜物质分的,如油基漆、树脂漆和水乳化漆等。油基漆包括油性漆和磁性漆两种。油性漆是以干性油为主要成膜物质的涂料,如熟油、厚漆、油性调和漆等;磁性漆是以干性油和树脂为主要成膜物质的涂料,如油基清漆、磁性调和漆、磁漆等。树脂漆也叫溶液性漆,它是以树脂为主要成膜物质,将树脂溶于溶剂中而成的,它不含有干性油。水乳化漆是以水为稀释剂,有的含油,有的不含油,含油的叫油基乳化漆,不含油的叫树脂乳化漆。从以上可以看出,涂料的分类非常复杂,为了统一起见,目前我国采用以主要成膜物质为基础,将涂料划分为18大类,其中有的涂料是由两种以上的树脂混合组成,分类时,则以在涂料中起决定作用的树脂做为分类的依据。

112. 按主要成膜物质,涂料分为哪十八类?

涂料按主要成膜物质分类表　　表4-13

序号	代号	按成膜物质类别	代 表 主 要 成 膜 物 质
1	Y	油脂漆类	天然动植物油、清油(熟油)、合成油
2	T	天然树脂漆类	松香及其衍生物,虫胶,乳酪素,动物胶,大漆及其衍生物

续表

序号	代号	按成膜物质类别	代表主要成膜物质
3	F	酚醛树脂漆类	改性酚醛树脂,纯酚醛树脂
4	L	沥青漆类	天然沥青,石油沥青,煤焦沥青
5	C	醇酸树脂漆类	甘油醇酸树脂,季戊四醇酸树脂,其他改性醇酸树脂
6	A	氨基树脂漆类	脲醛树脂、三聚氰胺甲醛树脂,聚酰亚胺树脂
7	Q	硝基漆类	硝酸纤维素酯
8	M	纤维素漆类	乙基纤维、苄基纤维、羟用基纤维、醋酸纤维、醋酸丁酸纤维、其他纤维酯及醚类
9	G	过氯乙烯漆类	过氯乙烯树脂
10	X	乙烯漆类	氯乙烯共聚树脂,聚醋酸乙烯及其共聚物、聚乙烯醇缩醛树脂、聚二乙烯乙炔树脂、含氟树脂
11	B	丙烯酸漆类	丙烯酸酯树脂,丙烯酸共聚物及其改性树脂
12	Z	聚酯漆类	饱和聚酯树脂,不饱和聚酯树脂
13	H	环氧树脂漆类	环氧树脂、改性环氧树脂
14	S	聚氨酯漆类	聚氨基甲酸酯
15	W	元素有机漆类	有机硅、有机钛,有机铝等元素有机化合物
16	J	橡胶漆类	天然橡胶及其衍生物,合成橡胶及其衍生物
17	E	其他漆类	未包括在以上所列的其他成膜物质
18		辅助材料	稀释剂、防潮剂、催干剂,固化剂,脱漆剂

113. 涂料按基本名称是怎样分类和编号的?

按涂料的基本品种和应用上的名称对涂料进行了基本名称编号。编号的原则是,采取用 00~99 二位数字来表示。其中,00~09 代表基础品种;10~19 代表美术漆;20~29 代表轻工用漆;30~39 代表绝缘漆;40~49 代表船舶漆;50~59 代表防腐蚀漆等(见表 4-14)。

基本名称编号表　　　　表 4-14

代号	基本名称	代号	基本名称	代号	基本名称
00	清油	30	(浸渍)绝缘漆	55	耐水漆
01	清漆	31	(覆盖)绝缘漆	60	防火漆
02	厚漆	32	绝缘(磁、烘)漆	61	耐热漆
03	调合漆	33	粘合绝缘漆	62	示温漆
04	磁漆	34	漆包线漆	63	涂布漆
05	烘漆	35	硅钢片漆	64	可剥漆
06	底漆	36	电容器漆	65	粉末涂料
07	腻子	37	电阻漆	66	感光涂料
08	水溶漆	38	半导体漆	67	隔热漆
09	大漆	40	防污漆	80	地板漆
10	锤纹漆	41	水线漆	81	鱼网漆
11	皱纹漆	42	甲板漆	82	锅炉漆
12	裂纹漆	43	船壳漆	83	烟囱漆
13	晶纹漆	44	船底漆	84	黑板漆
14	透明漆	50	耐酸漆	85	调色漆
15	斑纹漆	51	耐碱漆	86	标志漆
20	铅笔漆	52	防腐漆	98	胶液
22	木器漆	53	防锈漆	99	其他
23	罐头漆	54	耐油漆		

114. 涂料按使用不同分哪几类？

在各大类涂料中，每一类又可根据不同的使用分为清漆、磁漆、底漆和腻子。

(1) 清漆

是由主要成膜物质和溶剂配制而成的，常常还加入一定量的催干剂和增塑剂。清漆中不含填料和颜料。

清漆涂在物体表面上能转变成坚固、有弹性的薄膜，具有一定的保护物体表面不受大气影响的性能。但是它的保护作用较差。在一般情况下,清漆是制造磁漆、底漆和腻子的主要材料。

(2)磁漆

又称色漆,是在清漆中加入颜料、填料研磨配制而成的。磁漆有一定的颜色,保护作用也较强,适于涂在物体的最外面。

(3)底漆

是直接涂在材料表面上的色漆,它是在清漆中加入对金属和木材没有腐蚀性的颜料制成的。底漆的主要用途是使材料表面产生具有高度粘附性的底层,以便使材料与其随后涂上的涂料能很好地粘合,并保护金属不被腐蚀,保护木材不腐朽。

(4)腻子

是在清漆中加入大量颜料和填料经研磨配制而成的。它专门用来填平涂有底漆的金属及木质品表面的凹坑、细孔缝隙等粗糙不平的地方。由于腻子中加入了大量的颜料和填料,因此弹性较差,特别是涂得较厚时,不仅会增加漆层的重量,而且容易使漆层震裂。在使用腻子时,每次厚度以不超过 0.5mm 为宜。

115. 涂料命名的原则是什么？牌号是怎样表示的？

为了简化起见,在涂料命名时,除了粉末涂料外仍采用"漆"一词,即称为某某漆。在统称时用"涂料"而不用"漆"这个词。涂料命名原则规定如下：

1)全名＝颜色或颜料名称＋主要成膜物质名称＋基本名称：例如：红醇酸磁漆,锌黄酚醛防锈漆。

2)对于某些有专业用途及特性的产品,必要时在主要成膜物质后面加以阐明。例如白硝基外用磁漆,醇酸导电磁漆。

涂料牌号表示方法按下列原则表示：

1)涂料牌号由三部分组成。第一部分是主要成膜物质,用汉语拼音字母表示;第二部分是基本名称,用两位数字表示;第三部分是序号,说明同类品种在组成、配方比例和用途上的不同。

2)若涂料本身有专业用途,在牌号前另加一个汉语拼音字母以示区别,如"H"表示航空用漆,"Q"表示汽车用漆等。

例： H C 04 - 2

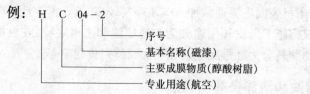

3)辅助材料牌号由两部分组成。第一部分是辅助材料种类,用汉语拼音字母表示;第二部分是序号,用数字表示。

例： F - 2

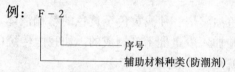

116. 磁漆和底漆各有何特点?

磁漆和底漆是涂料基本名称中最常用的两类涂料,它们的特点和应用分别如下:

(1)磁漆

是以树脂类清漆为基本成分,加入颜料、填料研磨配制而成。磁漆有多种颜色,又称为色漆。由于磁漆中加入了颜料,从而改善了涂料的性能,保护作用增强,延长了涂层的寿命。磁漆按装饰性能分为有光磁漆、半光磁漆和无光磁漆;按使用场所划分为内用磁漆和外用磁漆。

磁漆的应用相当广泛。外用磁漆适用于汽车、电车、自行车、摩托车等车辆和机器等室外器物的涂覆和装饰;内用磁漆适用于家具、玩具及室内建筑物的涂覆和装饰。

(2)底漆

是直接涂在材料表面上的色漆,又称打底漆。它是以树脂类清漆为主要成分,加入对金属和木材没有腐蚀性的颜料(防锈颜料和体质颜料)研磨而成。底漆能牢固地与物体及面漆结合,构成坚固的覆盖层,对金属可起到防锈作用,对木材可以起防朽作用。

底漆的应用根据施工对象可分为金属表面底漆和木材表面底

漆。金属表面底漆通常加入红丹、铬铁黄和氧化铁等颜料,具有防锈能力;木材表面底漆通常加入体质颜料较多,填充覆盖性好。底漆还可根据施工层次和用途分为头道底漆和二道底漆,或根据其主要防锈颜料分为红丹底漆、铁红底漆、锌铬黄底漆等。

117. 清油和清漆各有何特点?

清油和清漆是涂料基本名称中的两种类型。它们的区别是:

(1)清油

又称熟油,俗名鱼油。是一种浅黄色至黄色的粘稠液体。它是将干性油经熬炼,并加入少量催干剂制成的。如我国传统的涂料品种中的熟桐油,就是一种清油。

清油可以作为一种涂料单独使用,也可用它调和稀释厚漆和腻子。如熟桐油可用来涂刷木制车船、家具、制造油布或配制油性厚漆、腻子等。

(2)清漆

又名树脂漆。是一种不含颜料的透明粘稠液体。清漆和清油的区别是清漆组成中含有各种树脂。清漆按组成可分为两种:

①油基清漆。俗称凡立水,是以树脂、干性油、溶剂、催干剂配合而成。

②树脂清漆。俗称泡立水(系 Police 译音),是将树脂溶于溶剂,加入增塑剂而成。

清漆用于物体表面或色漆外层罩光,能显露出物体原有花纹。

118. 厚漆和调和漆各有何特点?

(1)厚漆

俗称铅漆,是由大量体质颜料、着色颜料和 10%~20% 的干性油研磨而成的稠厚浆状物。使用时,必须加入清油或清漆、溶剂、催干剂,再调和均匀才能涂刷。厚漆是比较古老的油漆品种,多与清油配合使用,价格比较便宜,质量不高,属于低档涂料。主要特性是容易涂刷,干燥时间不大于 24h,但漆膜较软,耐久性差。

厚漆主要用于要求不高的建筑或水管接头处的涂覆,也可作木质物件打底用。

(2)调和漆

也称调合漆,是已经调和好,可以直接使用的涂料。按其组成可分为两种:

1)油性调和漆 是由干性油、颜料、溶剂、催干剂等配制而成,没有任何树脂成分。

2)磁性调和漆 是由干性油、树脂、颜料、溶剂、催干剂等配制而成,其中树脂与干性油比例为1:3以上。

调和漆适于涂刷建筑物、工具、农具、车辆、室内外门窗及一些档次要求不高的器物表面。

119. 对油基和硝基漆类涂料如何鉴别?

油基涂料是以干性油与天然树脂经过熬炼后,加入有机溶剂、催干剂等制成的一种普通涂料,在民用、普通建筑等各领域用量较大;硝基漆类涂料是以硝化棉溶于有机溶剂,再配以醇酸树脂、增韧剂等而制成。两者在性能上和应用上差别很大,不得相混合误用。特别是这两种涂料更不得相互调色,以免涂料发生失光、起皱和分解变质等现象,造成浪费。

油基涂料和硝基漆类涂料可从以下三方面来鉴别:

(1)嗅觉法

用嗅觉鉴别一下气味,有强烈的松节油气味的是油基涂料;如有浓郁的香蕉水气味便是硝基漆类涂料。但嗅闻的时间不可过长,以免产生中毒现象。

(2)燃烧法

取少量试样点燃,如火焰较低、燃烧不太剧烈的是油基涂料;反之,火焰较高、燃烧剧烈的便是硝基漆类涂料。

(3)试调法

取少量涂料试样,倒入松节油调和,如能与松节油均匀混合的便是油基涂料;如呈现胶状物或互相分解的便是硝基漆类涂料。

当缺少松节油时,可用70号汽油或用香蕉水、酒精代替进行试调,但其结果和上述相反。

120. 根据被涂覆的物体不同,选择涂料时应注意什么?

由于被涂覆的物体不同,所处的环境不同,要根据各种涂料的不同性质,慎重选择所需的涂料。一般应从以下几方面来考虑:

1)被涂物体对涂料性能的主要要求。如保护性(室外耐久)、装饰性(室内美观)、或特殊性(耐酸、耐碱或绝缘)等条件作详细的分析。

2)涂膜在物体应用过程中的变化情况。如温度变化、湿度变化、侵蚀介质浓度、种类及其变化、摩擦冲撞及涂膜的稳定性等条件。

3)要求涂料的干燥速度、温度如何适用被涂物体生产流程要求。如小五金上的涂料可以烘烤,重型机床设备则只宜自然干燥。

4)涂料施工方法的采用,如刷涂、一般喷涂、静电喷涂、浇涂、浸涂、电泳涂装等条件的考虑。

5)对涂料颜色、光泽的要求。

6)涂料费用在产品或工程项目中的成本估计。

7)如可用低档涂料则不应用高档涂料,可用一般涂料则不必用特种涂料,以免造成浪费。

121. 根据不同性能的要求,如何选择适合的涂料?

不同性能要求的不同品种涂料　　　表 4-15

涂层特性	用　漆　种　类
耐酸涂层	聚氨酯漆、橡胶漆、环氧树脂漆。近氯乙烯漆、沥青漆、酚醛树脂漆
耐碱涂层	聚氨酯漆、环氧树脂漆、过氯乙烯漆、沥青漆、乙烯漆
耐油涂层	醇酸漆、氨基漆、硝基漆、环氧树脂漆、过氯乙烯漆
耐热涂层	有机硅漆、丙烯酸漆、醇酸漆、沥青漆、氨基漆
耐水涂层	聚氨酯漆、过氯乙烯漆、沥青漆、酚醛漆、氨基漆、有机硅漆、环氧树脂漆

续表

涂层特性	用漆种类
防潮涂层	橡胶漆、聚氨酯漆、过氯乙烯漆、环氧树脂漆、沥青漆、酚醛树脂漆、有机硅漆
耐磨涂层	聚氨酯漆、环氧树脂漆、酚醛树脂漆
保色涂层	丙烯酸漆、氨基漆、有机硅漆、醇酸树脂漆、硝基漆
保光涂层	丙烯酸漆、有机硅漆、醇酸树脂漆、硝基漆
耐大气涂层	过氯乙烯漆、硝基漆、醇酸树脂漆、油性漆、氨基漆、丙烯酸漆、天然树脂漆、有机硅漆、酚醛树脂漆
耐溶剂涂层	聚氨酯漆、环氧树脂漆
绝缘涂层	油性漆、沥青漆、醇酸树脂漆、环氧树脂漆、聚氨酯漆、有机硅漆、氨基漆、酚醛树脂漆

122. 涂料在保管时应注意什么？

涂料中都含有各种强溶剂(如酮类、苯类等)，这些溶剂的挥发性都很大，且容易燃烧和爆炸，有些挥发气体还有毒性。如硝基漆和洗漆剂就很容易着火，其挥发出的气体在一定浓度下(硝基漆不能超过 $0.2g/L^3$)遇火就能燃烧，甚至爆炸；苯的蒸汽就有毒，人吸入后轻则感到不舒适，严重时会神志昏迷，甚至死亡。另外，油漆容易产生化学变化而改变性能，如醇酸漆变浓(此时油漆表面成油状，树脂等物沉底；变质严重时，沉淀物变硬成块状，以至无法稀释)；硝基漆变稀等。根据上述特性，在保管中应注意以下几点：

1)涂料和辅助材料应保存在单独的库房内，禁止与酸、碱和其他自然物质(如黄磷等)放在一起，并且要严格遵守防火规定。库房温度不能超过 30℃，因为温度越高，涂料中的溶剂挥发越快，易使油漆干涸、变质或遇热膨胀而鼓破容器。库房应有良好的通风设备，在夏天，应特别注意进行通风和降温工作。

2)应分类存放，不得将油基、硝基、过氯乙烯等类涂料混放。小桶涂料可叠放在架子上或垫木上，叠放高度不得超过三层；大桶油漆可排放在垫木上,排与排之间应留出间隙,以便通风。桶上的商标一律向外,以便识别。

3)为了防止涂料因长期固定在一个位置而发生沉淀,结块,在库房保管中,应定期将涂料桶翻个存放。

4)涂料应尽量用原包装密封存放,容器不密封或损坏时,应立即堵严或更换新容器。

5)涂料在装箱时,应特别注意不要钉坏铁桶。箱子上的钉头不得露出木板,以免损坏容器。

6)在开启涂料桶盖时(尤其是大桶),应先拧松桶盖,让桶内挥发气体的压力减低后才可全部卸下;同时,人体的任何部分,特别是头部不得置于桶盖的正上方,以免挥发气体冲击时受到伤害。分装小桶时,只能装其容量的95%左右,不应装满,以防止涂料膨胀时鼓坏容器。倒装后应把渗到容器口上的油漆擦拭干净,以免油漆干后不易打开盖子。

123. 怎样识别真假107胶水?

(1)气味

真107胶里面放置"甲醛"溶液,有刺激性气味;假107胶一般不放"甲醛",无色无味。

(2)拉丝试验

用手指从容器中沾少许胶水,视其垂直落下情况,如呈流动状,最后有凝聚胶珠滴下,带丝尾,稍干后手指上能搓捻出弹性胶团,则为真107胶;假107胶的胶丝一般不中断,如"藕丝",没有凝聚胶珠滴下,手指上搓捻不出弹性胶团。

(3)成膜试验

将两种胶液涂于玻璃上,待其完全干燥后,观其成膜情况,如膜状物透明、平整,即为真107胶;如膜状物泛白,指甲轻刮,有粉末脱落,即为假107胶。

(4)加硼砂溶液测试

可将硼砂溶液与被测胶液混溶,用玻璃棒搅拌,如迅速出现胶凝块物质,即为真107胶;如无明显变化,则为假107胶。

124. 建筑给水常用钢管管件有哪些?

管箍;异径管箍;活接头;补芯;外螺丝;根母;90°弯头;45°弯头;90°异径弯头;等径三通;异径三通;等径四通;异径四通;管堵。

125. 建筑给水常用钢管有哪些?

钢管有焊接钢管和无缝钢管两类。

焊接钢管又叫水煤气管,它又分为镀锌钢管(白铁管)和非镀锌钢管(黑铁管)两种。

126. 什么是给水铸铁管?有哪几种?

铸铁管采用铸造生铁以离心法或砂型法铸造而成。它具有耐腐性强、使用寿命长、价格低等优点。管径大于75mm给水管适宜作埋地管道。缺点是性脆、重量大、长度小。铸铁管采用承插和法兰两种连接方式。

给水铸铁管有低压管($\leqslant 0.45MPa$)、普压管($\leqslant 0.75MPa$)和高压管($\leqslant 1MPa$)三种。

127. 给水铸铁管件有哪些?

90°双承弯头;90承插弯头;90°双盘弯头;45°和22.5°承插弯头;三承三通;三盘三通;双承三通;双盘三通;四承四通;四盘四通;三承四通;三盘四通;双承导径管;双盘异径管;承插异径管。

128. 硬聚氯乙烯塑料管的适用范围有哪些?

它主要用于多层建筑生活污水管道,大便器、小便器、大便槽和小便槽的冲洗管,工业给水管道和酸碱生产污水管道。它的优点是化学稳定性高、耐腐蚀、管内壁光滑、水力条件好、重量轻、安装方便、容易切割,在热状态可以焊接和粘合等。缺点是强度低、耐久性差、耐热性差。

129. 什么是铝塑复合管？有哪些优点？应用范围有哪些？

它是由高密度值 PE 通用 PE 热熔剂,与铝合金通过高热高压成型,即 HDPE-亲和助剂-铝-亲和助剂-HDPE 这样五层结构,采用物理和化学复合相结合而成。

它的优点:具有较好的耐温耐压、耐化学腐蚀、阻燃性能,弯曲性能、导热性质、抗老化性能,使用寿命可达 50 年。透氧率为零,符合食品卫生要求;自重较轻、裁切简单、连接方式简便等。

铝塑复合管在我国的工矿企业、写字楼、宾馆、住宅等场所开始应用。并被用作给水管道、热水管道、采暖管道、天然气管道、化工及通讯管道等多项领域。

130. 给水管道部件有哪些？

(1)水龙头

普通、热水、盥洗、皮带龙头等。

(2)阀门

闸阀、截止阀、止回阀、旋塞阀、浮球阀等。

131. 常用水表有哪两种？

(1)旋翼式

干式水表,湿式水表。

(2)螺翼式

132. 建筑排水管材有哪些？

排水铸铁管;焊接钢管;无缝钢管;陶土管;耐酸陶土管;石棉水泥管;硬聚氯乙烯塑料管;特种管道。

133. 排水铸铁管件有哪些?

排水铸铁管件有:45°、90°弯头,45°、90°TY形三通、斜三通、正三通、TY形异径三通、T形异径三通、检查口、S形存水弯、P形存水弯、地漏和扫除口等。

134. 卫生器具按用途是如何分类的?

(1)便溺用、大便器、大便槽、小便器、小便槽。

(2)盥洗、沐浴用

洗脸盆、盥洗槽、浴盆、淋浴器等。

(3)洗涤用

洗涤盆、污水盆、化验盆等。

135. 哪几种水暖管件属于被限制和淘汰产品?

1)被强制淘汰产品:进水口低于水面(低进水)的卫生洁具水箱配件;水封小于5cm的地漏,在所有新建工程和维修工程中禁止使用。

2)被限制使用产品:普通承插口铸铁排水管(手工翻砂刚性接口铸铁排水管);镀锌铁皮室外雨水管;螺旋升降式铸铁水嘴;铸铁截止阀。在住宅工程的室内部分中不准使用。

136. 常用采暖散热器有哪些种类?

(1)铸铁散热器

柱型散热器(四柱813型、二柱M132型),翼型散热器(圆翼、长翼型)

(2)钢制散热器

光面管散热器、钢串片对流散热器、板式散热器、扁管散热器、柱型散热器。

137. 膨胀水箱的作用是什么?

容纳热水供暖系统中的水因受热而增加的体积,补充系统中水的不足和排除系统中的空气,指示系统中的水位,控制系统中静水压力的作用。

138. 伸缩器的作用是什么？分哪几种？

供暖系统的管道一般均在常温下安装。当开始供暖时,管道受热膨胀,为避免管道由于伸缩而产生变形和遭到破坏,必须使用特别的伸缩器或靠管道的自然转弯来进行补偿。

一般伸缩器分为:L形伸缩器、方形伸缩器、套筒伸缩器、波纹管伸缩器四种。

139. 集气罐工作原理是什么？分哪几种？

集气罐的直径比它所连接的管直径大,热水由管道流进集气罐,流速立刻降低,水中的气泡便自行浮升于水面之上,积聚于集气罐的上部空间中,当系统充水时,把集气罐放气管上的阀门打开,进行排气,直至有水从管中流出时为止。

集气罐分手动和自动两种。

手动集气罐一般用直径 $\phi 100 \sim 250mm$ 的短管制成。它又分为立式和卧式两种。

140. 疏水器的作用是什么？分哪几种？

自动迅速地排出蒸汽供暖设备及系统中的凝结水,并阻止蒸汽进入凝结水管道。

疏水器分低压蒸汽系统使用的恒温疏水器(恒温疏水器又分为直角式和直通式两种)和高压蒸汽系统用疏水器(常用的有浮筒式、吊管式、热动力式三种)。

141. 减压阀的作用是什么？分哪几种？

在蒸汽供暖系统中,减压阀起自动调节阀门开启程度,稳定阀后压力的作用。

减压阀有活塞式减压阀和薄膜式减压阀两种。

142. 什么是地面采暖？地面采暖与其他采暖方式比有什么优点？

建筑采暖目前多用散热器，即热水流经散热器时，向房间内散发热量，使房间内温度上升。采用散热器采暖，实际上是通过室内空气的自然对流来加热房间内空气的。热空气从散热器处不断上升，置换温度较低的空气下降，再次被散热器加热，如此循环往复。通常情况下，房间内上部温度高，下部温度低，即形成在房间高度方向上的室温分布（也称之为温度梯度）。如果要保持房间下部人们活动区域的舒适温度，上部空间的温度往往会偏高，这将造成一定的经济浪费。

地面采暖是另一种采暖形式，这是在地板内埋入热水管路，通以一定温度的热水（如 40~60℃），均匀加热地板，使地板成为一种低温辐射加热源。由于整个房间的地面均匀地辐射放热，使室温分布较均匀，地面温度高于房间上部空气的温度，给人以脚暖头凉的舒适、清醒的感受，符合人的生理结构，成为当今世界较为理想的室内采暖技术。地面采暖与常用的散热器采暖相比，具有以下几方面的优点：

(1) 热容量大，热稳定性好，能给人以较好的舒适感。

当管道内注入 60℃ 以下的热水，加热地板混凝土后，可使室内温度达到 16~20℃，且室内上下温度均匀。

(2) 节约能源

低温地板采暖设计温度比传统的对流采暖设计温度要低 2~4℃。而室内采暖设计温度每降低 1℃，可节省燃料 10%，具有可观的节能和经济效益。据国外有关工程的经验证明，只要按 16℃ 室温计算负荷设计的地面采暖系统，其室温效果可以与 20℃ 计算室温设计的散热器采暖系统相当。

(3) 室内空气不产生明显的对流，可以减少尘埃飞扬和对墙面、家具等污染

(4) 散热器采暖需占用一定的室内使用面积（约占 2%），而地

面采暖不占用室内使用面积,便于室内装修和家具布置

(5)采用新型管材埋在地面混凝土中,没有接头,不会泄漏,使用寿命可达 50 年以上,可节约维修费用

地面采暖系统既可采用集中供热方式,也可采用独户供热方式。买 1 台燃油的小锅炉放置于阳台或卫生间,白天家中没人不开,下班前定时启动采暖开关,家中就会变得既舒服又暖和,烧出的热水还可以洗澡,可谓一举多得。

143. 常用导线分哪几类?

(1)铝芯导线

在导线型号中,凡带有"L"字母者,一般为铝芯导线。常用的铝芯导线包括:

BLV——铝芯聚氯乙烯绝缘导线

BLXF——铝芯氯丁橡胶绝缘导线

BBLX——铝芯橡皮绝缘玻璃丝编织导线

BLVV——铝芯聚氯乙烯绝缘护套线

BLX——铝芯橡皮绝缘导线

(2)铜芯导线

在导线型号中,不带"L"字母者,一般为铜芯导线。常用的有:

BV——铜芯聚氯乙烯绝缘导线

BXF——铜芯氯丁橡胶绝缘导线

BBX——铜芯橡皮绝缘玻璃丝编织导线

BX——铜芯橡皮绝缘导线

144. 常用电光源分哪几类?

(1)白炽灯泡;(2)反射型普通照明灯泡;(3)蘑菇形普通照明灯泡;(4)装饰灯泡;(5)彩色灯泡;(6)荧光灯管。

其中,荧光灯管又分为直管荧光灯管、U 形与圆形荧光灯管、低温快速启动荧光灯管。

145. 常用照明器具有哪些?

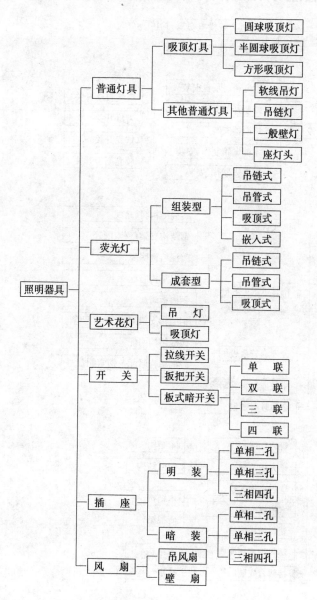

146．电器照明常用项目有哪些？

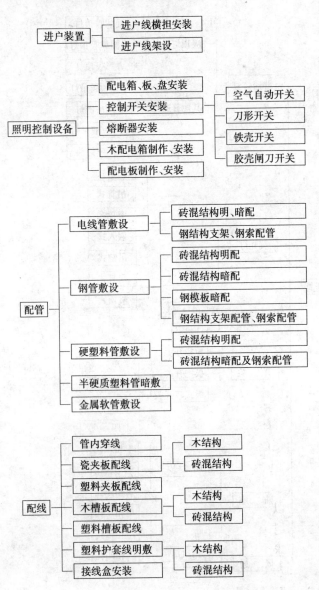

147. 现代建筑装饰灯具有哪些要求？

建筑装饰灯具是一种实用性与装饰性紧密结合的室内装饰艺术，它的装饰性表现在可以给室内的艺术气氛锦上添花，不仅可以使室内气氛辉煌壮丽，而且还可以使室内气氛温馨可亲。这一切都是和装饰灯具的照明作用密不可分的。

在大型公共建筑中，大的厅、堂、室内的照明是很重要的，起着控制整个室内空间气氛的作用，应重点装饰。所以，不仅要充分考虑照明的功能，还要重视整个室内空间的艺术气氛。

人们随着生活水平的提高，对照明要求也越来越讲究，居住空间只有基本照明已远远不能满足要求了。许多局部照明的灯具如台灯、立灯、壁灯、投影灯等相继进入人们的居室，这样既符合使用要求，也增加室内生活气息。

148. 不同的公共场所的照明有哪些要求？

公共场所的照明是给人创造舒适的视觉环境，以及具有良好照度的工作环境，并配合室内的艺术设计达到美化空间的作用。

(1) 楼梯间

楼梯间是连接上下空间的主要通道，所以照明必须充足，平均照度不应低于100lx，所采用的应是漫射型灯具，以免产生眩光。

(2) 办公室或绘图室

这种空间最好的照明形式是"发光顶棚"或发光带式照明。办公桌和绘图桌上还可加局部照明，台灯或工作灯一般也可用60~100W的白炽灯，但要加灯罩，要求均匀透光，以免引起视觉疲劳。

(3) 商店

商店照明应以吸引顾客、提高售货率为标准，要突出商品的优点，引起顾客的购买欲望。

不同商品要求不同照明形式。例如工艺品珠宝、手表等，为了使其光彩夺目，应采用高亮度照明。布匹、服装等商品要求照明接近于天然光，以使顾客能看清商品的本来颜色。肉类和某些食品最好用玫瑰色的照明,以使这些食品的颜色更加新鲜。

为了使空间开朗、大方、和谐、统一,商店的照明最好采用顶灯,柜台中的货架上的商品还可加壁灯和射灯,柜台内也可安装荧光灯管,以使商品更加醒目。

(4)餐厅、饭店

餐厅、饭店的灯光要求柔和、不能太亮,也不能太暗,室内平均照度以 50～80lx 即可。照明方式可采用均匀漫射型式半间接型,餐厅中部可用吊灯或发光顶棚的照明形式。

餐厅灯具的光色要与天然光接近,以准确显示展物的颜色,灯具的造型也应美观,以便通过灯具照明和室内色彩的综合效果,创造出活跃、舒适的进餐环境。

(5)影剧院

影剧院观众厅的照明方式多采用半直接型,半间接型和间接型。所用灯具多为吊灯、吸顶灯、槽灯和发光顶棚。照度要求平均为 80～100lx 能使观众看清节目单就行了。舞台口两侧及顶部均应安装聚光灯,乐池中安装白炽灯。休息厅的照明灯多采用吊灯、吸顶灯、壁灯,照度达到 50～80lx 即可。门厅多采用吊灯,吸顶灯,因是人流通过地区,所以照明要求不高。

149．功能性灯具有哪些种类？主要应用在什么地方？

(1)射灯

各种展览馆、博物馆或商店,为了突出展览品、陈列品和商品,往往使用小型的聚光灯照明。

(2)水下照明灯

水下照明灯用于喷水池的水面、水柱、水花的彩色照明,使喷泉的景色在各色灯光的交相辉映下更壮观,更绚丽多姿、光彩夺目,因此可以达到美化环境,点缀城市的效果。

(3)筒灯类灯具

筒灯类灯具常装于宾馆大厅、门厅,作为局部照明或组成满天星图案。

(4)舞台灯具

150. 公共场所常用照明形式有哪些？

(1)直接散光照明；
(2)半直接照明；
(3)均匀漫射式照明；
(4)间接散光照明；
(5)半间接散光照明。

151. 灯具是如何分类的？

壁灯类、花吊灯类，吸顶灯类、柱灯类、荧光灯类、投光灯类、工厂灯类、应急信号标志灯类、台灯落地灯类、住宅成套灯类。

五、新 材 料

1. GZL 型威卢克斯斜屋顶窗的特点有哪些？

1) 中旋斜屋顶窗。
2) 适用于角度在 15°~85°之间的斜屋顶。
3) 由优质木料制成，表面有美观的天然木纹。窗框和窗扇经过无色的防腐处理。
4) 外面的铝合金罩板保护木窗不受风雨侵蚀。这种铝合金罩板涂有极具耐久性的铅灰色涂料。
5) GZL 型威卢克斯斜屋顶窗配有双层中空玻璃，具有很好的保温隔热性能(传热系数 $U=2.8W/(m^2·K)$)。

2. GZL 型威卢克斯斜屋顶窗的功能有哪些？

1) 斜屋顶窗的开启是由一个顶部把手来控制的，操作容易，特殊的轴能把窗扇稳定在不同的位置，以便通风。
2) 窗扇可以翻转 180°，可以从室内清洁外侧的玻璃。清洁时，窗扇易于翻转并可固定在擦窗的位置。
3) 窗扇可以在顶部固定，使其保持微开状态，以免被强风损坏。

3. 威卢克斯斜屋顶窗在通风、采光、各种排水技术方面有何优点？

(1) 采光

由于威卢克斯斜屋顶窗安装在坡屋面上，因此日照时间较长，屋顶空间可得到充足均匀的光线。理想的窗洞口应是洞口顶部平行于室内地面,底部垂直于室内地面以达到大面积采光的效果。

(2)通风

中旋式的威卢克斯斜屋顶窗具有良好的通风功能。如屋顶两侧有窗户,则空气能够对流。室内暖空气上升到屋顶,通过威卢克斯斜屋顶窗排出室外。

(3)外视景观

在安排窗户位置时,最好要考虑到从上部操作窗户和向外眺望时的位置。通常窗户的顶部到地面的高度在 185~220cm 比较理想。

(4)技术方案

威卢克斯斜屋顶窗排水板系统在与各种屋面材料结合时,有效地解决了排水问题。在混凝土屋面,有一层靠近内墙表面的保温层,这样可以使屋顶间有一个舒适的室内温度。

4．威卢克斯斜屋顶窗为什么可以更新设计概念?

(1)传统的塔式屋顶设计,也可以利用屋顶空间。随着坡屋顶下面角度的减小,采用长形斜屋顶窗以保证室内良好的视觉感受,同时也保留了原有屋顶的建筑造型。由于这种建筑物通常很宽,所以屋顶上方须安装一个窗户,从而使中间部位有良好的采光。

(2)屋顶空间在未吊顶的情况下,可用高窗采光通风,以创造宽敞明亮的空间效果。

(3)在室内跃层的设计中,用高低错落的屋顶窗使空间变得舒适安逸。高位窗的设计可使室内楼梯及内墙得到充足均匀的光线,低位窗的设计又可使人们有良好的视觉感受,从而使带有跃层的空间宽敞明亮,通风宜人。

(4)双坡屋面的设计可以降低建筑物的高度。50°的斜屋顶坡度使房间布局对称,斜屋顶窗设置在理想的位置使住户感受舒适并能欣赏到窗外的景致。上部的坡度变化可以降低整个屋顶的高度并为房间的中央过道提供良好的采光,这也表明了在设计中可灵活地使用威卢克斯斜屋顶窗。

(5)屋顶斜度对称设计约为 45°。根据楼房的宽度,一般可在屋顶下空间增加两层。用三个窗户解决三个居室的采光、通风问题,第四个窗户为楼梯间和下面连接两层楼的中央区域采光。

5. 隐形幻彩颜料的特点是什么?

隐形幻彩壁画是运用新型高科技产品——隐形幻彩颜料绘制而成,在装饰业上已开始在一些国家和地区应用,该颜料的特点:在自然光源或普通灯光下不显示任何色彩,但用紫光灯照射时会发出各种艳丽的色光,用之绘制的画面奇特新颖,立体感强,可使一个普通空间变成幻想世界,增加场地的空间和新奇感。

6. 紫外光源照明是什么?

对人体无任何损害的波长为3650埃的长波紫光灯(验钞灯的光就是一种紫外光),已经在世界各地成为装饰照明灯具。

7. 隐形幻彩颜料的种类有哪几种?

一般有八种基色即可满足普通画面的要求,八种颜色是红色、粉红色、橙色、黄色、绿色、蓝色、紫色、白色,除八种基色外,它们也可相互调成所需要的任何颜色。

8. 隐形幻彩颜料的应用范围是什么?

隐形幻彩壁画主要画在墙面,包括乳胶漆、彩色喷涂、壁布、软包墙等各种涂料表面(墙面要求紫光灯下不反白),也可用于木材、纸张、石膏、玻璃、纺织品表面。既可作色块,亦可绘制成细腻的图案。

9. 钢丝网架聚苯乙烯芯板(GJ板)是什么?

钢丝网架聚苯乙烯芯板(GJ板)系列,是由三维空间焊接钢丝网架和内填阻燃型聚苯乙烯泡沫整板而构成,现场拼装校平后两侧喷抹水泥砂浆即可,具有强度高、自重轻、保温好、隔声、防火、抗震、节省土地和能源、施工速度快等优点。适用于高层建筑的围护外墙及轻质内墙,内保温或外保温复合外墙的保温层;低层建筑的承重墙、楼板和屋面板,特别适合房屋接层。用它建别墅式住宅和普通民宅,可任意造型装饰,美观大方,冬暖夏凉,舒适安全。

10. GJ板的适用范围是什么?

GJ板实用性强,从小型廉价民宅到高层公寓高级别墅,从民用建筑到工业厂房,均可广泛采用。

(1)采用GJ板建民房,基础简单,蹲式基础地梁上成对埋设地锚筋,(间距400mm、长300mm)与墙板侧网绑扎连接抹灰后而结为一体。

(2)GJ板做墙体,内外表面装饰型与传统材料相同,可喷刷涂料,可粘贴瓷砖、陶瓷锦砖、大理石材等。

(3)GJ板用于高层框架结构充填墙,可大大减轻整体建筑的重量。GJ板二侧抹灰后重量为$110kg/m^2$,为370砖墙的六分之一。

(4)用单面网GJ板可做内外复合保温墙体。

(5)GJ板做屋面板可直接烫防水,不必再做保温层、经济、方便。

(6)GJ板建筑民房外墙、屋面板、内墙,均用双层网片绑扎连结,喷抹水泥砂浆后即结为一个整体。能经得起任何地震袭击,可使居民真正得以"安居"。

(7)GJ板在工艺技术上做适当处理,即可建造多层建筑。国外已用类似材料,建成4~7层(无框架)民用住宅楼。

11. GJ板材料施工的特点是什么?

(1)GJ板材料安装简单,易于切割、拼接,可做任何形状,墙上开窗门,几分钟即成。

(2)GJ板建筑改用喷浆工艺,速度快,又能保证质量,在国内外已广泛应用。

(3)用GJ板材料建普通民房,方法简单,速度快,不需大型机具,节省人力。

12. GJ 板辅以配筋可做成哪些构件？

GJ 板辅以配筋($\phi6 \sim \phi8$)可做屋面板、楼板,采用裁剪拼装组合结构配以钢筋($\phi6 \sim \phi8$)可做成梁、板、柱、楼梯等。

13. 华丽胶条的特点是什么？

1)华丽胶条是一种专用配方组成的高性能聚合物,它其中的密封胶对玻璃产生吸附力,对潮气产生很强的传输阻力,在中空玻璃制造过程中,对干燥剂有保护作用,有效地延长了中空玻璃的寿命。

2)华丽胶条内部的铝隔条可承受一定的压力,能够保证压制出的中空玻璃的均匀度,连续波浪形铝带是阻隔潮气进入的最佳方法。

3)华丽胶条干燥剂的含量得到优化控制,减少了浪费,比其他中空玻璃边缘密封系统更耐用,减少水分渗透和保护干燥作用。

4)华丽胶条可任意弯曲,可加工异型中空玻璃。用此胶条制成的中空玻璃不需要插角(插角在传统中空玻璃制造中是最薄弱的环节)。

14. 什么叫再造石？

"再造石"又名"人造石",传统的"人造石"一般多为板材制品并多以树脂为胶凝材料。而再造石装饰品主要由水泥等无机材料合成。并具有浮雕造型的艺术效果,因而称为"再造石装饰品",它的内部有配筋,并采用了 GRC 等现代辅助工艺、再造石装饰品的理化性能及耐老化性能良好,抗压强度一般为 48MPa,抗折强度 5.7MPa。

15. 再造石装饰品的特点有哪些？

(1)工艺特点

再造石装饰品是以模具成型的具有一定艺术效果的装饰制

品。传统的制模工艺一般需要几个程序,再造石装饰品可以一道工序制成阴模,因此,可以千变万化发展造型数量,能充分满足设计单位对造型的需要,并且不受规格、数量的限制,单位报价相对稳定。图案设计可由造石艺术公司协助完成,也可按图制作。

(2)材质特点

再造石装饰品是以水泥为胶凝材料的装饰制品,其肌理变化丰富,材料接近石材效果,并可做镀铜效果。即可适合现代造型艺术需要,也可适合于传统艺术要求,其"土、拙、野",自然、古朴的材质特点比较突出。

(3)色彩特点

再造石装饰品在不使用涂料等有机颜色添加剂的情况下,以石粉、石渣为集料,依靠材料自身产生色彩,其色彩效果自然,在光照下耐久性能良好。

(4)重量

制品厚度在 3cm 时,重量一般为 $80\sim90kg/m^2$,对重量有特殊要求的制品可考虑采用轻骨料,重量一般可减弱三分之一以上。厚度较大的制品可制成薄壳式,重量可明显降低。

(5)联接方法

根据建筑设计及施工需要,可在制品背部或侧部留金属埋件,与墙体预埋件焊接或绑扎,再浇灌水泥浆。也可在制品面部留孔,用膨胀螺栓固定。联接方式灵活、方便、可靠。对室内应用的工艺壁挂,可采用挂接或粘接的方式。

(6)制作工期

对一般的浅浮雕壁画一般需要 60d 时间。

16. 再造石装饰品的品种有哪些?

(1)浮雕类

一般为浅浮雕效果,高浮雕制品也可制作。此类制品一般用于建筑物内外立面的大幅浮雕壁画或装饰小品等。

(2)套色艺术磨石类

此类制品的传统工艺一般需埋设铜嵌条,属工业化制品,多为几何图型。再造石装饰品可在不使用铜嵌条情况下加工制作任意图案的套色磨石,且线条流畅,线型接合部清晰。其特点是增强了对社会需求适应力。此类制品主要用于宾馆、舞厅、机场等公共场所的地面装饰,也可用于室内外立面装饰。

(3)镂空类

现在一些建筑物多采用"水泥花格子"制品来美化建筑物。再造石装饰品可在材质上更接近石材,透空造型可更丰富,如仿苏州各种砖雕镂窗纹样等,也可表现各种现代题材透空纹样。

(4)壁挂类

再造石装饰品艺术壁挂的特点在于展现了一种新颖的硬质装饰材料,它的质感古朴大方,理化性能好。一般为手工制作,造型品种丰富,以单件制作为主,力求少重复、多变形。在追求装饰美的同时,力求反映生活,表达一定的哲理,希望与观者共同寻求纯真。此类制品主要用于宾馆、公寓及家庭的室内陈设。

(5)圆雕类

此类制品可根据需方任意制作,并以单件制作为主。这类制品适宜公共环境的装饰及陈设。

(6)塑石类

此类制品主要用于园林环境装饰美化,其特点是材质逼真,耐久性好,适宜制作拼装大幅人造假山,并可进行图案艺术装饰。

(7)铺地或贴墙用装饰面砖类

此类制品的材质或仿石或仿砖,面幅规格随意,并可制作装饰效果,耐久性能良好。

(8)西洋柱头、柱身、柱饰、室内炉壁等装饰:

此类制品规格、形式不限,方柱、圆柱均可。